BIOLOGISCHE ARBEITSBÜCHER

4

BIOLOGISCHE KYBERNETIK

Eine elementare Einführung

von

BERNHARD HASSENSTEIN

o. Professor für Biologie an der Universität Freiburg

Mit 42 Abbildungen und 2 Bildtafeln

19 77

QUELLE & MEYER VERLAG · HEIDELBERG

Eine englischsprachige Ausgabe ist unter dem Titel “Information and Control in the Living Organism” im Verlag Chapman and Hall Ltd, London, erschienen. Vertrieb in den USA durch Barnes & Noble Inc.

Fünfte Auflage

Printed in Germany · Satz und Druck: Zechnersche Buchdruckerei, Speyer
Umschlaggestaltung nach Vorlage des Verfassers: Friedrich Vogt, Ziegelhausen b. Heidelberg
ISBN 3-494-00184-7

VORWORT ZUR 1. AUFLAGE

In diesem Buch werden einige Grundlehren und Grundbegriffe der Kybernetik aus Beobachtungen und einfachen Experimenten am Menschen sowie aus Erfahrungen des täglichen Lebens hergeleitet. Darstellung und Gedankenführung sind darauf zugeschnitten, einen zuvor noch nicht informierten Leser auf anschauliche Weise in das behandelte Gebiet einzuführen. Gleichzeitig soll das Buch an Leitgedanken und Material dasjenige bieten, was für Kurse oder für Arbeitsgemeinschaften über biologische Kybernetik an der Oberstufe Höherer Schulen erforderlich ist. Elementare Einführungen in naturwissenschaftliche Fachgebiete sollen Ansprüchen genügen, die nicht leicht zu vereinigen sind: Die Darstellung soll jederzeit gedanklich einfach und klar verständlich sein. Gleichwohl dürfen nirgends Abstriche von der wissenschaftlichen Richtigkeit gemacht werden; kein Satz darf, auch wenn er aus dem Zusammenhang herausgenommen wird, ein Mißverständnis zulassen oder zu einseitige Information liefern.

Sicherlich ist es mir nicht überall gelungen, diese Forderungen zu erfüllen, zumal ich mich fast nirgends an Vorbilder anschließen konnte. Daher bitte ich meine Leser, mir dabei zu helfen, daß ich eventuelle weitere Auflagen dieses Buches vervollkommnen kann. Ich bitte um die Mitteilung sowohl positiver als negativer Erfahrungen bei der Ausführung der Versuche, um Vorschläge zur Verbesserung der Versuche und der Abbildungen, um Hinweise auf schwer verständliche oder mißverständliche Textstellen, um die Angabe eventueller Wünsche nach weiteren Abbildungen, vor allem aber auch um die Übersendung von Meßergebnissen, damit ich abschätzen kann, in welcher Richtung die Versuche vielleicht erweitert oder vertieft werden können. Auch kurze, einzelne Mitteilungen sind willkommen! Schließlich wäre es für mich wichtig zu erfahren, ob das Bedürfnis für ein weiteres Bändchen besteht, das die hier begonnenen Gedankengänge in schwierigere Gebiete hinein fortsetzt.

Die Anregung, dieses Büchlein zu schreiben, sowie hilfreiche Kritik bei der Abfassung verdanke ich Herrn Oberstudiendirektor Dr. W. SIEDENTOP, Berlin. Bei der Anfertigung der Zeichnungen halfen mir Frau L. DINNENDAHL, Seewiesen, Fräulein U. POLTZ, Freiburg und Herr E. FREIBERG, Tübingen. Diesen und allen weiteren, hier nicht genannten Helfern danke ich herzlich!

Freiburg i. Br., März 1965
Zoologisches Institut der Universität — *Bernhard Hassenstein*

BEMERKUNGEN ZUR 2. BIS 4. AUFLAGE

Meine Mitarbeiter Dr. K. Grossmann und Dipl.-Ing. W. Rau haben, einem Grundgedanken von Dr. J. Núñez folgend, einen Versuch ausgearbeitet, mit Hilfe dessen man das Instabil-Werden eines biologischen Regelkreises am Menschen mit einfachsten Mitteln demonstrieren kann. Dieser Versuch ersetzt eine weniger geeignete Demonstration in Abschnitt C 7, Seite 54/55.

Meiner Bitte um hilfreiche Kritik sind viele Leser gefolgt. Sie haben mir wichtige Anregungen gegeben und einige Fehler und Unklarheiten entdeckt, die ich in den folgenden Auflagen tilgen konnte. Ihnen allen danke ich herzlich!

Freiburg, September 1966, Mai 1969 und Dezember 1972

B. Hassenstein

HINWEISE

Die Abbildungen wurden nicht mit laufenden Nummern versehen, sondern durch die Seitenzahl nebst der auf die betreffende Seite bezogenen Ordnungszahl gekennzeichnet. Kommen z. B. auf Seite 11 drei Abbildungen vor, so tragen sie die Nummern *11,1*; *11,2*; und *11,3*. Kommt auf einer Seite nur eine Abbildung vor, so wird doch stets die Ordnungszahl *1* dazugesetzt, z. B. Abb. *3,1*.

Hinweise auf Abbildungen im Text bestehen jedoch gewöhnlich nur aus Seiten- und Ordnungszahl ohne den Zusatz „Abb."; sie sind daran zu erkennen, daß sie *kursiv* und in eckige Klammern gesetzt sind, z. B. *[30,1]*.

Zwei Abkürzungen kommen häufig vor: *Vp.* für Versuchsperson und *ZNS* für Zentralnervensystem. Die übrigen Abkürzungen sind alphabetisch ins Register eingefügt.

Logarithmen zur Basis 2 (zu S. 60 ff.)

n	ld n	n	ld n	n	ld n	n	ld n
		10	3,322	20	4,322	30	4,907
1	0,000	11	3,459	21	4,392	40	5,322
2	1,000	12	3,585	22	4,459	50	5,644
3	1,585	13	3,700	23	4,524	60	5,907
4	2,000	14	3,807	24	4,585	70	6,129
5	2,322	15	3,907	25	4,644	80	6,322
6	2,585	16	4,000	26	4,700	90	6,492
7	2,807	17	4,087	27	4,755	10^2	6,644
8	3,000	18	4,170	28	4,807	10^3	9,966
9	3,170	19	4,248	29	4,858	10^4	13,288

INHALT

A. Einfache Versuche zur Signalübertragung und -verarbeitung im menschlichen Körper

A 1. Finger-Verwechslungs-Versuch 2
A 2. „Schreitbewegungen“ des Auges, Nystagmus 4
A 3. Nick-Lese-Versuch 6
A 4. Richtungs-Anzeigen auf dem Drehstuhl 10
A 5. Richtungstäuschungen bei Augenbewegungen 16
A 6. Binokulare Entfernungsmessung 26

B. Zwei Versuche mit größerem Aufwand zur Signalverarbeitung im Organismus

B 1. Gleichgewichtshaltung der Taube 29
B 2. Zeigeversuch unter dem Tisch 32

C. Selbsttätige Regelung

C 1. Pupillen-Reaktion 36
C 2. Regelung des Blutumlaufs durch die Herztätigkeit 37
C 3. Regelung der Atmung 38
C 4. Regelung der Körpertemperatur bei Warmblütern 39
C 5. Allgemeines Prinzip der Regelung 41
C 6. Die Führungsgröße 47
C 7. Instabilität von Regelvorgängen 50

D. Information, ihre Übertragung und Speicherung

D 1. Messung der Informationsmenge 56
D 2. Verfeinerung des Informationsbegriffs 61
D 3. Redundanz; geschützter Code 68
D 4. „Rauschen“ (noise) als Gegenspieler der Information 72
D 5. Der genetische Code 75
D 6. Nervenleitung 80
D 7. Hormone 90
D 8. Speichern und Abrufen von Information 94

E. Datenverarbeitung

E 1. Laterale Inhibition 99
E 2. Bereichseinstellung (Helligkeits-Adaptation) des Auges . . . 105
E 3. Bedingter Reflex, Lernmatrix 113

F. Allgemeines zum Thema Kybernetik

F 1. Kybernetik in der Biologie: Möglichkeiten und Grenzen . . . 123
F 2. Kybernetik auf anderen Gebieten; ihre Nachbardisziplinen . . 127
F 3. Begriff und Aufgabe der Kybernetik 130
F 4. Mensch, Maschine, Homunculus 134

Literaturhinweise 139

Namen- und Sachregister 141

A. Einfache Versuche zur Signalübertragung und -verarbeitung im menschlichen Körper

Der Körper des Menschen und fast aller vielzelligen Tiere ist in allen seinen Teilen von Nerven durchzogen. Diese entspringen meist einer dichten Anhäufung von Nervengewebe, dem *Zentralnervensystem*, das fast stets aus zwei Teilen besteht: Einer am Vorderende des Organismus gelegenen Masse, dem *Gehirn*, und einem daran anschließenden, langgestreckten Teil parallel zur Körperlängsachse, den man je nach seiner Lage *Rückenmark* oder *Bauchmark* nennt *[1,1]*.

Sinneseindrücke empfängt unser Körper mit Hilfe der *Sinnesorgane:* Augen, Ohren, Geruchssinneszellen der Nase, „Geschmacksknospen" der Zunge und des Gaumens, Sinnesorgane für die Richtung der Schwerkraft und für Drehbeschleunigungen im Innern des Ohres, ferner Berührungs-, Druck-, Wärme- und Kältesinneszellen der Hautoberfläche usw. Die Sinnesorgane haben, wie jeder weiß, ihren bestimmten, begrenzten Ort im Körper. Trotzdem können bei der Reaktion auf Sinneseindrücke sämtliche Körperteile mitwirken: Die Augen sehen etwas, und die Hände greifen danach; oder ein Mensch ruft, unsere Ohren vernehmen es, aber die Beine sind es, die uns zu ihm tragen. Derartige Beispiele lassen sich in beliebiger Anzahl zusammenstellen. Wie ist die Aktion des ganzen Körpers auf Sinnesreize möglich? Nur dadurch, daß die Meldungen aus der Umwelt, welche die Sinnesorgane aufgenommen haben, von diesen in Signale umgewandelt werden und daß diese Signale auf den ins Körperinnere hineinziehenden Nervenfasern zum ZNS gelangen. Dort bilden sich weitere Signale aus; diese werden über andere Nervenbahnen zu den Muskeln gesandt, welche hierdurch veranlaßt werden, sich zusammenzuziehen. Dadurch kommen die Bewegungen zustande, welche wir in Reaktion auf die Sinnesreize ausführen.

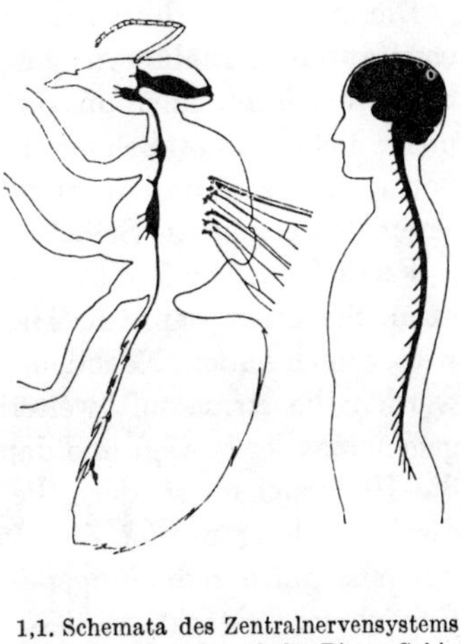

1,1. Schemata des Zentralnervensystems: Gehirn und Bauchmark der Biene, Gehirn und Rückenmark des Menschen. Nach K. v. FRISCH, *Triangel* IV, 206–218, 1960.

Die Fähigkeit des Körpers, auf Sinneseindrücke zu reagieren, beruht also auf der *Signalübertragung* innerhalb des Körpers. Diese erfolgt einerseits von den Sinnesorganen zum Zentralnervensystem – *afferente*, d. h. einwärts gerichtete Nervenleitung –, andererseits vom Zentralnervensystem zu den Muskeln – *efferente*, d. h. auswärts gerichtete Nervenleitung. Wenn wir eine Handlung nicht auf Grund eines Sinneseindruckes, sondern eines reinen Gedankens, z. B. eines Entschlusses, durchführen, so ist allein die efferente Nervenleitung im Spiel. – Die wichtigsten Ausführungsorgane neben den Muskeln sind die Drüsen.

Die Signalübertragung innerhalb des Körpers funktioniert im allgemeinen so ausgezeichnet und fehlerfrei, daß uns ihr Wirken gar nicht bewußt wird. Wir halten es beispielsweise für selbstverständlich, daß sich unsere Hand blitzartig zurückzieht, wenn wir versehentlich einen heißen Gegenstand berührt haben. Wir denken nicht daran, daß hierfür eine Signalübertragung von den Sinnesorganen der Haut zum ZNS und von diesem zu den Muskeln des Ober- und Unterarms notwendig ist. Bewußt wird einem Menschen die Rolle der nervösen Signalübertragung allerdings in höchstem Maße, wenn sie infolge von Krankheiten oder Verletzungen einmal nicht mehr normal funktioniert, also z. B. bei Lähmungen. Soll uns auch beim gesunden Menschen die Rolle der Signalübertragung deutlich werden, so müssen wir besondere Wege gehen: Es gilt, Erscheinungen zu suchen, in welchen uns die Signalübertragung im menschlichen Körper auf eine als nicht alltäglich erlebte, aber doch nach einigem Nachdenken verständliche Weise auf ihre Existenz aufmerksam macht. Diesem Ziel sollen die folgenden Versuche dienen.

A 1. Der Fingerverwechslungsversuch

Dieser Versuch führt uns eine körperliche Situation vor Augen, in welcher unsere Signalübertragung und -verarbeitung überfordert wird. Es handelt sich um eine unnatürliche Situation; darum ist das Versagen für unser Leben ohne Belang. Der Sinn dieses einleitenden Versuchs liegt darin, zu zeigen, daß die richtige Funktion der Signalübertragung in unserem Körper nichts Selbstverständliches ist.

Versuch 1a. Die Vp. (Versuchsperson) hält die gestreckten Arme nach vorn. Sie dreht dann die Handflächen zunächst nach unten und dann weiter nach außen. Nachdem die Hände derart nach außen gedreht sind, werden die Arme mit weiterhin gestreckt gehaltenem Ellbogengelenk gegeneinander bewegt und dann gekreuzt. Dadurch sind jetzt nicht mehr die Handrücken, sondern die Handflächen gegeneinander gerichtet. In dieser Stellung werden die Hände gefaltet *[3,1]*. Wenn es auch unbequem ist, müssen die Finger doch so weit als möglich durch die Finger der Gegenhand gesteckt werden. Wenn die Hände ganz fest gefaltet sind, werden sie unter Beugen der Ellbogen nach unten gedreht und dann vor der Brust nach oben unter das Kinn gebracht. Man sieht jetzt von oben auf die gefalteten Hände. Die rechte Hand befindet sich links, die linke rechts.

Nun zeigt der Versuchsleiter auf einen Finger der gefalteten Hände, ohne ihn aber zu berühren, und fordert die Vp. auf, diesen Finger anzuheben. In den meisten Fällen wird die Vp. zunächst einen falschen und erst nach einigem Probieren den richtigen Finger bewegen.

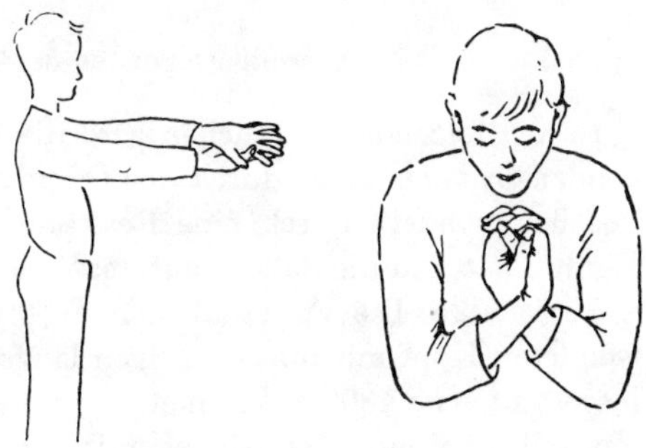

3,1. Fingerverwechslungsversuch. Haltung vor dem Falten der Hände (links) und endgültige Haltung (rechts). Fordert man die Versuchsperson auf, einen bestimmten Finger, auf den man zeigt, anzuheben, so bewegt sie meist einen falschen.

Erklärung: Das Nervensystem liefert eine Falschmeldung. Gegenüber dem normalen Bild der gefalteten Hände sind jetzt sowohl rechts und links als auch vorne und hinten vertauscht. Dies ist durch die beschriebenen Bewegungen zustande gekommen, die im einzelnen aus Beugungen und Drehungen im Schultergelenk, Ellbogengelenk, im Unterarm und im Handgelenk bestanden. Über all diese Drehungen ist das ZNS natürlich an sich informiert. Aber ihr Zusammenwirken ist so kompliziert, daß es daraus nicht die richtigen Konsequenzen ziehen kann. Was das Nervensystem leisten müßte, um den Test zu bestehen, läßt sich veranschaulichen, wenn man den Versuch folgendermaßen variiert:

Versuch 1b. Bevor die Versuchsperson den bezeichneten Finger zu bewegen versucht, soll sie sich gedanklich klarmachen, um welchen Finger es sich handelt (z. B. „Zeigefinger der linken Hand") und dann bewußt diesen Finger bewegen. Jetzt wird sie tatsächlich den richtigen Finger bewegen!

Was das ZNS „instinktiv", also ohne unser bewußtes Zutun durchzuführen hätte, wäre folgende „Kalkulation": Wegen der in diesem Versuch eingestellten Winkel und Drehungen in den beteiligten Arm- und Handgelenken ist der „links vorne" gesehene Finger nicht wie beim normalen Händefalten der kleine Finger der rechten, sondern der Zeigefinger der linken Hand; der „rechts vorne" gesehene Finger ist der Zeigefinger der rechten Hand usw. Vor dieser Aufgabe aber versagt es. Einfachere Leistungen dieser Art vollführt es dagegen mit Leichtigkeit; z. B. wird kaum je eine Verwechselung vorkommen, wenn die Arme nur einfach überkreuzt werden.

Der Fingerverwechselungsversuch macht uns also auf eine *Leistungsgrenze der Signalverarbeitung* innerhalb unseres Körpers aufmerksam und führt uns vor Augen, daß die Fähigkeit, unseren Körper zu beherrschen, keine Selbstverständlichkeit ist. Sie ist von einem Signale übertragenden und verarbeitenden System abhängig, das – wie hier – auch einmal überfordert sein kann.

A 2. „Schreitbewegungen des Auges", Nystagmus

In den folgenden Versuchen wird die Wirksamkeit des signalübertragenden Systems nicht durch das Offenbarwerden einer Leistungsgrenze deutlich, sondern durch eine Reaktion, auf welche der Willen keinen Einfluß hat und die daher „automatisch" abläuft.

Versuch 2a. Die Vp. erhält den Auftrag, den zunächst nach links gewendeten Kopf mit offenen Augen langsam nach rechts zu drehen. Die insgesamt etwa 180° sollen in etwa 5 Sekunden durchmessen werden. Die Vp. soll dabei mit aller Willenskraft versuchen, die Augen im Kopf still, d. h. starr geradeaus zu halten. Aber das Geforderte wird ihr nicht gelingen. Während sich der Kopf gleichmäßig bewegt, vollziehen die Augen die Bewegung *schrittweise:* Sie halten jeweils kurze Zeit eine feste Beziehung zur gesehenen Umwelt ein und bleiben derweil hinter der Kopfbewegung zurück; dann springen die Augen in eine neue Lage und überholen dabei die Kopfbewegung. Danach halten sie die neugewonnene Lage im Raum wieder bei, solange bis der nächste „Nystagmus"-Sprung erfolgt usw.

Der Sinn dieser Reaktion ist folgender: Mit Hilfe unserer Augen sind wir dazu fähig, Formen zu erkennen. Hierzu müssen die Augen jeweils mindestens einen „Augenblick" lang eine feste räumliche Beziehung zum gesehenen Gegenstand einhalten; sonst wird das wahrgenommene Bild verwischt wie eine bewegungsunscharfe photographische Aufnahme. Unser Nervensystem zwingt nun unsere Augen in allen Lebenslagen ohne unser Zutun dazu, so lange wie jeweils möglich eine feste Beziehung zur gesehenen Umwelt einzuhalten. Immer dann, wenn dies nicht mehr möglich ist, läßt das ZNS das Auge durch einen schnellen Sprung eine neue Position gewinnen, die dann wieder so lange als möglich festgehalten wird. Auf diese Weise wird immer wieder so viel Zeit für das Formensehen gewonnen, als irgend möglich ist. Nur die für die kurzen Sprünge verwandte Zeit geht dem Formensehen verloren.

Versuch 2b. Die Vp. wird nun aufgefordert, ein Buch oder eine Zeitung zu lesen und die Vorlage dabei so zu halten, daß der Blick beinahe waagerecht und nur wenig nach schräg unten geneigt ist. Die übrigen Versuchsteilnehmer sollen die Augen der Vp. über den Rand des Buches hinweg während des Lesens beobachten. Wie sich erkennen läßt, machen die Augen auch beim Lesen keine gleitenden, sondern „schreitende“ Bewegungen. Auch hier halten sie immer einen Augenblick lang ein Bild fest, um danach ganz schnell zum nächsten zu springen. Man kann in diesem Versuch abzählen, wie viele Nystagmusschritte für eine Zeile gebraucht werden und wie lange jeweils der Blick eine Situation festhält.

Im *Versuch 2c* setzt sich die Vp. auf einen Drehstuhl. Zur Not genügt auch ein einfacher Stuhl mit glatter Sitzfläche, oder der Versuch wird im Stehen ausgeführt. Die Vp. schließt ihre Augen, legt die Hände mit den Fingern nach oben auf die Backen und berührt mit den Enden der Mittelfinger das Augenlid. Auch Zeige- und Ringfinger liegen auf dem Auge, beiderseits des Mittelfingers. Zunächst bewegt nun die Vp. die Augen, wobei sie die Lider geschlossen hält, bewußt nach rechts und links, so als wenn sie abwechselnd nach rechts und links blicken wollte. Wenn sie mit den Fingern weder zu stark auf die Augen drückt noch zu wenig Kontakt mit ihnen hat, wird sie die Augenbewegungen gut fühlen können; denn der Augapfel ist in der Region der Hornhaut (über der Regenbogenhaut und der Pupille) weit vorgewölbt. – Der eigentliche Versuch besteht nun darin, daß sich die Vp., indem sie sich mit den Beinen abstößt, mit dem Stuhl (oder aufrecht stehend) dreht. Dabei fühlt sie mit den Fingerspitzen deutlich, daß die Augäpfel die gleichen „Schreitbewegungen“ ausführen wie bei der Drehung mit offenen Augen! Das gleiche geschieht auch bei geschlossenen Augen, wenn allein der Kopf gedreht wird und der Körper still steht; es ist nur etwas schwieriger zu registrieren.

Erklärung. Beim Lesen springt der Blick von demjenigen Teil der Zeile, den er erfaßt hat, zum nächsten, um diesen kennenzulernen. Aus ähnlichen Gründen würde, so könnte man zunächst denken, der Blick in Versuch *2a* während des Drehens des Kopfes von einem zum nächsten Teil des Blickfeldes springen. Jetzt zeigt sich aber, daß die Augenbewegungen auch von innen her gesteuert werden können, daß es also gar nicht nötig ist, währenddessen etwas zu sehen. Das ZNS entnimmt also bereits den Körperbewegungen als solchen die Information über etwaige Drehungen im Raum und gibt dann von sich aus die Kommandos für die zum Formensehen wichtigen Augenbewegungen – auch wenn die Lider geschlossen sind.

Beobachtet man die Augenbewegungen in den Versuchen *2a* und *2c* genauer, so stellt man fest: Die Augen bewegen sich innerhalb ihrer Höhlen abwechselnd von links nach rechts und von rechts nach links. Stets ist eine dieser Bewegungen langsam und fließend, die andere schnell und ruckartig. Beim Lesen mit stillgehaltenem Kopf gehören alle Augenbewegungen zur Gruppe der schnellen; folgt man aber beim Lesen einer Zeile mit dem Kopf langsam der Lesebewegung von links nach rechts, so vollführen die Augen auch hier innerhalb ihrer Höhlen Bewegungen nach beiden Seiten: Langsame von rechts nach links, schnelle von links nach rechts. Im Versuch *2a* verläuft – wenn der Kopf langsam von links nach rechts gedreht wird – die schnelle Phase des Nystagmus von links nach rechts, die langsame von rechts nach links. Dabei ist die Winkelgeschwindigkeit der langsamen Phase gleich derjenigen der Kopfwendung; die der schnellen Phase ist viel größer. Die langsame Phase des Nystagmus ist gleichzeitig die Zeitdauer, in welcher der Blick seine Stellung zur sichtbaren Umwelt festhält, indem er die Kopfbewegungen kompensiert. Mit jeder schnellen Phase wird eine neue Position bezogen. Was man im Versuch *2c* mit den Fingerspitzen am deutlichsten fühlt, sind die schnellen Phasen des Nystagmus. Achtet man genau darauf, so spürt man aber auch die langsamen.

Folgerung. Es ist zumindest nicht die ganze Wahrheit, wenn man sagt, der Blick „haftet“ an einem bestimmten Bereich der sichtbaren Umwelt und springt dann zu einem neuen Teil des Blickfeldes. Wie der Versuch mit den geschlossenen Augen zeigt, signalisiert das ZNS den Augen, auch wenn sie nichts sehen und an nichts „haften“ können, die Kommandos für die Nystagmus-Bewegungen. Es erhebt sich die Frage, woraus das Gehirn dann (Versuch *2c*) die Information darüber gewinnt, daß und in welcher Richtung sich der Kopf bewegt. Die Antwort lautet: Es sind ja vom Organismus selbst ausgehende aktive Tätigkeiten, die den Kopf bewegen; darüber ist natürlich das Gehirn von vornherein informiert. Diese Information wird für die Kommandos an die Augen für kompensierende Gegenbewegungen (langsame Phasen) und sprunghafte Überholbewegungen (schnelle Phasen des Nystagmus) verwendet.

Bewegt man Kopf oder Körper mit geschlossenen Augen so, daß ein Nystagmus erfolgt, so ist es unmöglich, dies auf andere Weise als mit dem Tastgefühl der Finger, also indirekt, wahrzunehmen; auf direktem Wege – vom Auge her – empfindet man nichts, auch wenn man alle Aufmerksamkeit anspannt. Die Bewegung erfolgt also unbewußt und – wie Versuch *2a* zeigt – unbeeinflußbar durch den Willen. Was tätig ist, ist die Signalübertragung und -verarbeitung unseres Körpers.

A 3. Nick-Lese-Versuch

Dieser Versuch weist wie *A 1* dadurch auf die Tätigkeit der Signalübertragung und -verarbeitung im menschlichen Körper hin, daß er dem System eine Aufgabe stellt, der es nicht gewachsen ist.

Alle Teilnehmer nehmen ein Buch oder eine Zeitung zur Hand und halten sie mit ausgestreckten Armen etwa waagerecht vor sich. Es soll ihnen gerade noch gut möglich sein, den Text zu lesen. Nun werden zwei Versuche gemacht *[7,1]*:

Versuch 3a. Der Kopf wird in mittlerer Geschwindigkeit in „nickender" Bewegung abwechselnd gesenkt und gehoben. Eine Einzelbewegung dauert etwa eine Sekunde. Dabei bleibt der Blick auf das Papier gerichtet. Die Augen müssen also die Kopfbewegungen ausgleichen („kompensieren"). Ist es während dieser Bewegungen weiterhin möglich, den Text zu lesen? *Ergebnis:* Man kann trotz der Bewegungen ungehindert lesen.

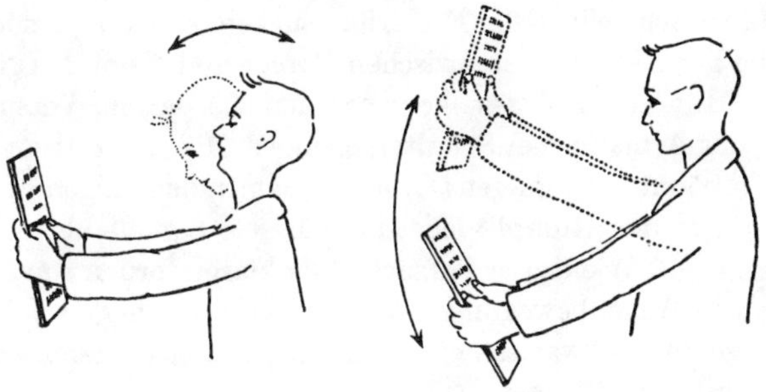

7,1. Nick-Lese-Versuch. Links Bewegung des Kopfes; rechts Bewegung des Lesetextes mit den Armen. Die Augäpfel machen in beiden Fällen gleiche Bewegungen, um den Lesetext „im Auge zu behalten". Trotzdem ist das eine Mal (links) das Lesen kaum, das andere Mal (rechts) stark behindert.

Versuch 3b. Der Kopf wird stillgehalten; dafür wird mit den Armen das Papier auf- und abbewegt. Die Bewegungen sollen ungefähr die gleiche Winkelgeschwindigkeit haben wie zuvor; der überstrichene Winkel soll etwa ebensogroß sein, so daß die Bewegungen der Augen in den Augenhöhlen, die notwendig sind, um den zu lesenden Text im Blick zu behalten, in ihrem Winkelmaß denen im Versuch *3a* entsprechen. Läßt sich jetzt der Text noch ebenso gut lesen wie zuvor? *Ergebnis:* Obwohl die Augen innerhalb ihrer Höhlen dieselben Bewegungen auszuführen haben wie im Versuch *3a*, gelingt das Lesen viel schlechter. Die Buchstaben verschwimmen für manche Beobachter so sehr, daß sie überhaupt nicht mehr lesbar sind.

Erklärung. In beiden Versuchen müssen die Augenmuskeln tätig sein und die Augen bewegen. Die Augenmuskeln werden vom Gehirn her gesteuert. Bis hierher stimmen die Vorgänge in beiden Versuchen überein. Die Steuerung gelingt aber in Versuch *3a* und *3b* verschieden gut. Man fragt sich daher: Woher können die Augenmuskeln (durch Vermittlung des Gehirns) die Information erhalten, ob und in welcher Richtung und Winkelgeschwindigkeit sie die Augäpfel zu bewegen haben? Folgende Informationsquellen kommen in Frage: *1.* Der Lesetext bewegt sich im Verhältnis zum Kopf im Versuch *3a*, weil der Kopf gesenkt und gehoben wird, im Versuch *3b*, weil das Papier (bei festgehaltenem Kopf) gehoben und gesenkt wird. Es könnte also in beiden Fällen die gesehene Bewegung sein, die von den Augen durch den Sehnerv ans Gehirn gemeldet wird und dieses dazu veranlaßt, die beschriebenen Augenbewegungen auszulösen und zu steuern. Dies könnte, wie gesagt, sowohl für Versuch *3a* als auch für Versuch *3b* gelten. Wir suchen jedoch nach denjenigen Informationsquellen, die in beiden Versuchen verschieden waren; denn nur sie können für die Verschiedenheit der Reaktionen *3a* und *3b* verantwortlich sein, für welche wir ja die Erklärung suchen. – *2.* Im Versuch *3a* war die Ursache der Bewegungen zwischen Papier und Kopf das Neigen des Kopfes mit Hilfe der Halsgelenke gegen den Körper, im Versuch *3b* die Bewegung der Arme in den Schultergelenken. Hier liegt also ein Unterschied! Man könnte also fragen: Gibt das Gehirn den Augen bei Kopfbewegungen gegen den Rumpf vielleicht präzisere Signale als im Falle der Armbewegungen? Wie durch Versuch *A 2c* klargeworden war, kann eine Steuerung von Augenbewegungen auch „von innen her“ erfolgen, ohne daß das Auge dabei etwas sehen müßte. Liegt so etwas auch beim Nick-Lese-Versuch vor?

Versuch 3c. Man legt wie in *A 2c* die Finger locker auf die geschlossenen Augen und macht weit ausholende Nickbewegungen mit dem Kopf. Man fühlt sofort *senkrechte* Schreitbewegungen (Nystagmus) der Augäpfel. Senkrechte Ausgleichsbewegungen der Augen werden also bei Nickbewegungen des Kopfes tatsächlich *von innen her* gesteuert! Die Augenbewegungen in Versuch *3a* waren somit langsame Phasen eines Nystagmus.

Doch erhebt sich nun die Frage, ob nicht vielleicht auch die zentralnervöse Instanz, welche die *Arm*bewegungen steuert, zur Steuerung der Augen „von innen her“ beiträgt. Hierüber erfahren wir etwas Genaueres durch einen weiteren Versuch.

Versuch 3d. Der Versuchsleiter stellt sich oder setzt sich gegenüber der Versuchsperson hin und nimmt deren Lesetext so in die Hand, daß dieser sich in der gleichen Position befindet wie in den beiden vorigen Versuchen. Die Vp. kann durch Vorlesen deutlich machen, ob sie den Text erkennen kann. Nun bewegt der Versuchsleiter den Text vor den Augen der Vp. auf und ab, wobei er möglichst genau den Winkelausschlag und die Winkelgeschwindigkeit des Versuchs *3b* nachahmen soll. Die Vp. soll mitteilen, wie gut sie jetzt den Text lesen kann: Wie in Versuch *3a* oder *3b* oder noch schlechter? Das Ergebnis wird meist lauten: In Versuch *3d* kann man etwa ebenso gut, genauer gesagt ebenso schlecht lesen wie in 3*b*, oder sogar noch schlechter.

Folgerungen. Wie der letzte Versuch zeigt, kann der Blick einem Gegenstand folgen, der von fremder Seite her bewegt wird. Hier ist eine Steuerung für die Augenbewegungen, die im eigenen Zentralnervensystem *entspringt*, nicht denkbar. Vielmehr muß das Auge die Bewegung wahrnehmen, und auf Grund dieser Meldung steuert das Gehirn die Augenmuskeln so, daß das Auge der Bewegung folgt. Für das Formensehen ist dies natürlich nicht die bestmögliche Situation. Denn Formensehen verlangt ja eine festgehaltene räumliche Beziehung zwischen Auge und gesehener Umwelt. Dieses Festhalten ist aber in Versuch *3d* nicht präzise möglich: Die Netzhaut muß ja zumindest eine ganz geringe *vollzogene* Bewegung registriert haben, um sie dem Gehirn zu melden und hierdurch die Bewegung des Augapfels in Gang zu setzen. Diese vollzogene Bewegung ist aber bereits eine räumliche Verschiebung zwischen Auge (Netzhaut) und gesehener Umwelt und muß daher das Formensehen beeinträchtigen. Das Lesen verlangt nun eine besondere Qualität der Formerkennung; daher läßt sich die geringe Beeinträchtigung des Formensehens gerade am Lesenkönnen besonders gut bemerken.

Jetzt lassen sich die Befunde der Versuche *3a*, *3b* und *3d* miteinander vergleichen. Für das Lesen und damit für das Formenerkennen war das Versuchsergebnis *3b* (Bewegung des Lesetextes mit den Armen) ähnlich dem von *3d*; für die Augen bedeutet also die Bewegung des Lesetextes mit den eigenen Armen etwa das gleiche, wie wenn er von fremder Hand

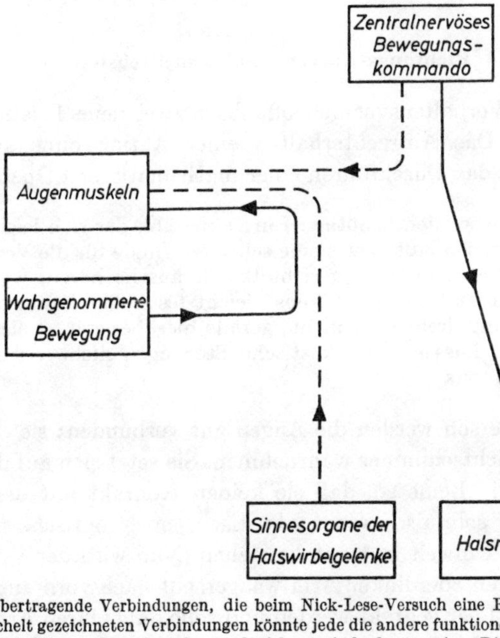

9,1. Signalübertragende Verbindungen, die beim Nick-Lese-Versuch eine Rolle spielen. Von den beiden gestrichelt gezeichneten Verbindungen könnte jede die andere funktionell ersetzen. Es ist noch unbekannt, ob beide von ihnen bestehen und wirksam sind oder nur eine. Die Nervenbahn von der Netzhaut des Auges zu den Augenmuskeln, welche die Meldungen über gesehene Bewegungen überträgt, verläuft über das Gehirn.

bewegt wird. Daraus folgt: Die Instanz, die für die Armbewegungen verantwortlich ist, sendet den Augenbewegungsinstanzen kaum oder gar keine Meldungen über ihre Tätigkeit, so daß die Steuerung der Augenbewegungen durch den Anblick der Bewegung erfolgen muß, was wiederum – wegen der damit verbundenen Relativbewegung zwischen Auge und Gegenstand – die Lesefähigkeit beeinträchtigt. In Versuch *3a* dagegen werden die Augen vom ZNS her automatisch den Kopfwendungen entgegen bewegt. Hierdurch werden Verschiebungen zwischen Auge und Umwelt von vornherein vermieden, und das ermöglicht ein ungestörtes Formenerkennen.

Man kann versuchen, die gewonnenen Erfahrungen über funktionelle Zusammenhänge in einer Art *Schaltbild* darzustellen. Dabei ist zu beachten: Wir wissen zur Zeit noch nicht, ob die Steuerinstanz für die Kopfbewegungen selbst außer den Signalen für die Halsmuskeln automatisch gleichzeitig die Signale für die kompensierenden Augenbewegungen an die Augenbewegungsinstanz sendet oder ob die Sinnesorgane in den Gelenken, welche das Zentralnervensystem über die Stellung der Halswirbel zueinander informieren, die Meldungen für die Augenbewegungen liefern. In Abb. *9,1* sind beide Möglichkeiten dargestellt. Ich persönlich vermute, daß beide Möglichkeiten gleichzeitig verwirklicht sind und daß die Meldungen, die ja im Normalfall den gleichen Inhalt haben, einander bestätigen.

A4. Richtungs-Anzeigen auf dem Drehstuhl

Der folgende Verhaltensversuch offenbart zwei neue Leistungen des Nervensystems: Das Aufrechterhalten einer Aktion ohne auslösende Sinnesreize sowie das Durchführen einer mathematischen Operation.

Für den Versuch werden benötigt: Ein Drehstuhl, der sich leicht und erschütterungsfrei drehen läßt, sowie eine schwarze Binde für die Versuchsperson. Schließlich darf man keine gerichteten Geräusche hören, weil die Vp. dann mit Hilfe ihres „Richtungshörens" leicht feststellen kann, ob sie sich gegen die Umgebung dreht oder nicht; gerade hierüber soll sie sich aber im Versuch täuschen. Lassen sich akustische Störungen nicht vermeiden, so hilft vielleicht Ohropax.

Der Versuchsperson werden die Augen gut verbunden; sie darf nicht den mindesten Lichtschimmer wahrnehmen. Sie setzt sich auf den Drehstuhl und hält die Beine so, daß sie keinen Kontakt mit dem Boden haben. Die Vp. soll also weder akustisch, noch optisch, noch mechanisch mit der Umwelt in Kontakt stehen. Nun wird der Vp. erklärt, sie solle den rechten oder linken Arm waagerecht nach vorn ausstrecken. Sie würde hin und her gedreht werden und solle dabei ihren Arm stets in dieselbe Richtung des Raumes halten, also mit ihm alle aufgezwungenen Richtungsänderungen kompensieren.

Versuch 4a. Zuerst wird die Vp. mit dem Drehstuhl mehrfach rasch hin- und hergedreht, aber so, daß sie von der Anfangsstellung aus weder nach rechts noch nach links um mehr als einen rechten Winkel ausgelenkt wird. Wenn die Beschleunigungen stets stark genug sind, wird es der Vp. gut gelingen, den Arm im Raume stillstehen zu lassen, indem sie mit ihm jede Bewegung kompensiert. Wegen der geringen Auslenkung um im ganzen nur 2 rechte Winkel kommt die Vp. niemals in die unbequeme Lage, nach hinten zeigen zu müssen.

Versuch 4b. Nachdem man mehrere dieser Drehungen durchgeführt hat, beginnt die entscheidende Phase des Versuchs. Von einer Extremlage aus (rechter Winkel nach rechts oder links) beschleunigt man die Vp. *ganz langsam* und gleichmäßig, so daß sich die Bewegung „einschleicht". Wenn dies gelingt, merkt man es daran, daß die Vp. die langsam sich steigernde Drehung nicht bemerkt und sie daher mit dem Arm nicht oder nur teilweise kompensiert. Ist man in der Nähe der anderen Extremstellung angekommen, so bremst man die Drehung plötzlich ab, gibt der Vp. also eine intensive, deutlich wahrnehmbare „negative Drehbeschleunigung". Wenn der Versuch glückt, geschieht nun folgendes: Obwohl die Vp. nach der Bremsung im Raum stillsteht, bewegt sie ihren Arm mit gleichbleibender Winkelgeschwindigkeit in der Richtung der „eingeschlichenen" Drehbewegung *weiter!* Dabei kommt sie bald in die Situation, nach hinten zeigen zu müssen, was trotz der damit verbundenen Unbequemlichkeit meist auch durchgeführt wird. Es ist ein eindrucksvolles Bild, wie hier eine „Reaktion auf einen nicht vorhandenen Reiz" stetig und präzise abläuft. Die Beobachter müssen in dieser Phase des Versuchs besonders ruhig sein. Ein kurzer Zuruf oder das Sprechen von ein paar Worten informieren die Vp. sofort darüber, daß sie sich nicht dreht, sondern in Ruhe befindet (Richtungshören!).

Man kann den Versuch damit beenden, daß der Versuchsleiter einen kurzen Laut von sich gibt und beobachtet, wie die Armbewegung der Versuchsperson daraufhin sofort aufhört. – Nachdem dann der Versuchsperson die Binde von den Augen genommen wurde, wird sie befragt, was sie während des Versuchs wahrgenommen und empfunden habe, vor allem während sie mit dem Arm nach hinten zeigte. Sie wird darauf antworten, sie sei völlig gewiß gewesen, daß sie sich während dieser Zeit gleichmäßig weitergedreht habe.

Deutung. Die einzigen Sinnesorgane, welche einem Wirbeltier bzw. dem Menschen etwaige Drehungen des eigenen Körpers im Raum anzeigen, sind – abgesehen von den Augen, die wir aber im folgenden unberücksichtigt lassen wollen – die *Bogengänge* im *Labyrinth* des inneren Ohres *[12,1]*. Aber sie sprechen – gemäß ihrem anatomischen Bau – nicht auf gleichmäßige Drehbewegungen, sondern nur auf Dreh*beschleunigungen* an: Die Flüssigkeit im Innern eines Bogenganges, die „*Endolymphe*", bleibt bei Drehbeschleunigungen infolge ihrer Massenträgheit gegenüber der Bewegung des Bogengangs zurück; hierdurch entsteht eine kreisförmige „*Trägheitsströmung*", welche auch die *Ampulle [12,1]* durchfließt und dort die *Cupula* abbiegt. Das Abbiegen der Cupula reizt die in ihrer Anheftungsstelle befindlichen Sinneszellen, welche die Meldungen hiervon über den 8. Gehirnnerven ans Gehirn senden.

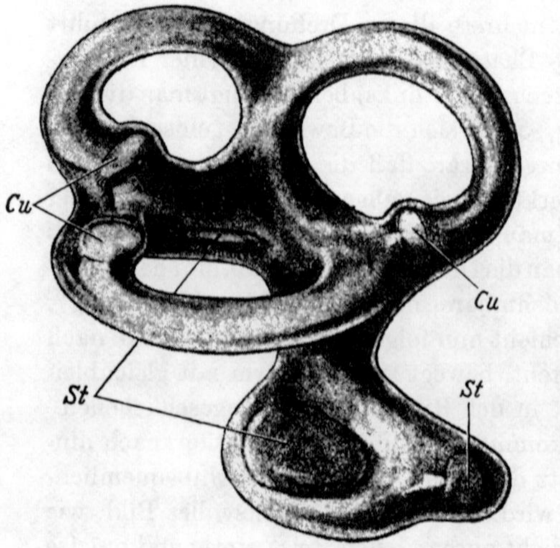

12,1. Labyrinth eines Fisches, schematisch. Die Ebenen der drei Bogengänge stehen aufeinander senkrecht. In den drei Bogengängen befindet sich je eine Erweiterung, die *Ampulle.* In jeder von diesen ist die *Cupula* (Cu) zu erkennen, die bei der Strömung der Endolymphe innerhalb des Bogengangs abgebogen wird. Ferner sind 3 Statolithen (St) vorhanden; sie enthalten Kalk und sind schwerer als die umgebende Endolymphe. Die beiden oberen dienen zur Wahrnehmung der Schwerkraftrichtung. Der untere Statolith ist bei Säugetieren nicht ausgebildet. Statt dessen ist der nach rechts unten gerichtete Gang bei ihnen verlängert und zur *Schnecke* aufgerollt, welche das CORTIsche *Organ* mit den Gehör-Sinneszellen enthält. Aus E. von HOLST, Die Naturw. **37**, 265–272, 1950.

Wenn das Bogengangsystem aus der Ruhe heraus einer Drehbeschleunigung unterliegt, danach aber gleichförmig weiter rotiert, so kommt die anfängliche Trägheitsströmung infolge der Reibung an den Bogengangswänden bald wieder zum Stillstand, die Flüssigkeit wird dann mit der Drehbewegung mitgenommen. Daher fließt die Endolymphe innerhalb der Bogengänge während gleichmäßig andauernder Drehbewegungen *nicht* und biegt daher auch die Cupula nicht ab. Die Cupula-Sinneszellen senden daher während gleichförmiger Drehbewegungen die gleichen Meldungen ans Gehirn wie in völliger Ruhe. – Die Sinnesorgane melden es jedoch, wenn eine gleichmäßige Rotation abgebremst wird: Die während der Rotation innerhalb der Bogengänge zur Ruhe gekommene, mit der Bewegung mitgenommene Endolymphe fließt dann zufolge ihrer Trägheit zunächst in der alten Drehrichtung weiter, biegt die Cupula ab und sendet so die Meldung über das Abstoppen der Drehbewegungen, also über die darin liegende „*negative Beschleunigung*", ans Gehirn. Natürlich kommt die Flüssigkeit auch nach dem Abbremsen der Rotation schnell wieder zur Ruhe.

In den beschriebenen Verhältnissen liegt der Grund dafür, daß man die Bogengänge als Sinnesorgane nur für Dreh*beschleunigungen* ansprechen muß. Der Mensch kann nicht unterscheiden, ob er sich in Ruhe oder in gleichförmiger Drehbewegung befindet, weil er dafür kein Sinnesorgan besitzt. Hieraus beantwortet sich eine Teilfrage aus unserem Experiment: Diejenige, warum die Versuchsperson überhaupt meinen konnte, sich zu drehen, obwohl sie sich in Ruhe befand – warum sie also den ruhenden mit dem gleichmäßig rotierenden Zustand überhaupt verwechseln konnte: Wir haben kein Sinnesorgan, das diese beiden Zustände voneinander unterscheiden könnte!

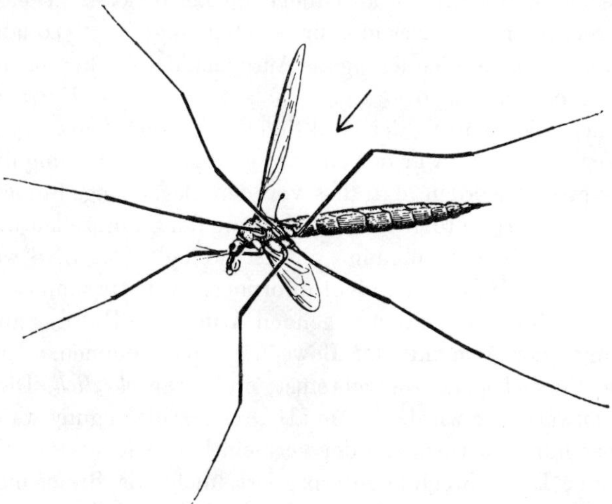

13,1. Eine an einer Glasscheibe sitzende große Mücke (Wiesenschnake, *Tipula*), von schräg unten durch die Scheibe gesehen. Der Pfeil zeigt auf das linksseitige Rotationssinnesorgan des Tieres (Klöppelorgan, Haltere). Etwa 1,5fache natürliche Größe.

Es gibt jedoch Tiere, die über solche Sinnesorgane verfügen: Die *Zweiflügler (Dipteren)* unter den Insekten, also die Mücken und Fliegen, besitzen an Stelle ihrer Hinterflügel *„Klöppelorgane“ (Halteren)*, mit deren Hilfe sie gleichförmige Rotationen wahrnehmen können. Am besten sind die Klöppelorgane bei den langbeinigen Wiesenschnaken zu erkennen *[13,1]*). Sie schwingen beim Fliegen mit hoher Frequenz auf und ab. – Mücken und Fliegen hätten sich durch den Drehstuhlversuch im Unterschied zum Menschen also nicht täuschen lassen.

Wenn nun der Mensch und die Wirbeltiere zwar auch keine Sinnesorgane für gleichförmige Rotation besitzen, so können sie die Information über sie doch gewöhnlich auf indirektem Wege gewinnen, und zwar durch Auswertung der Meldungen über Drehbeschleunigungen. Wenn nämlich eine Drehbeschleunigung – z. B. rechtsherum – mit Hilfe der Bogengänge wahrgenommen wurde, so bedeutet das ja, daß sich daraufhin der Körper in Rotation befinden muß. Dies muß so lange gelten, bis eine gleichgroße Drehbeschleunigung in der Gegenrichtung wahrgenommen wird; denn erst eine solche Gegenbeschleunigung gegen eine vorher wahrgenommene Drehbeschleunigung zeigt an, daß damit die Rotation wieder abgebremst wurde. Mit anderen Worten: Gleichförmige Rotation läßt sich aus *vorherigen* Wahrnehmungen von *Drehbeschleunigungen* erschließen. Eine Meldung über eine Drehbeschleunigung rechtsherum bedeutet also für die anschließende Zeitperiode: „Gleichmäßige Drehung rechtsherum". Dies gilt für beliebig lange Zeit – so lange nämlich, bis die Gegenbeschleunigung als Ausdruck des Aufhörens der Bewegung wahrgenommen wird.

Hierin liegt die Deutung der Reaktion der Versuchsperson im Versuch *4b*. Die Versuchsperson war mit einer so geringen Beschleunigung in ihre Drehung versetzt worden, daß dies von den Bogengangs-Sinnesorganen gar nicht registriert worden war; die Reizung der Sinneszellen war wegen der zu geringen Beschleunigung „unterschwellig". Das ZNS war daher über die beginnende Drehung nicht informiert; es hatte somit keinen Anlaß für ein Kommando an den zeigenden Arm, seine Haltung zu ändern. Daher wurde der Arm mit der Bewegung mitgenommen. – Nun aber wurde die Versuchsperson abgebremst, und zwar *plötzlich*. Dieser Reiz war überschwellig; er wurde darum als Drehbeschleunigung wahrgenommen – aber nun natürlich von der vermeintlichen Ruhestellung aus als Beginn einer Drehbewegung interpretiert, nicht als Bremsung der im Gang befindlichen Rotation. Solange danach keine Beschleunigung in der Gegenrichtung wahrgenommen wurde, mußte die Versuchsperson also unter dem Eindruck stehen, die vermeintliche Drehbewegung halte unvermindert an. Diese Täuschung wurde für den Beobachter dadurch sichtbar, daß der zeigende Arm die vermeintliche Drehung kompensierte, indem er mit gleichmäßiger Winkelgeschwindigkeit weitergedreht wurde.

Folgerungen. Aus dem Versuchsergebnis und seiner Deutung lassen sich drei allgemeinere Schlüsse ziehen. Der erste ergibt sich aus der Feststellung, daß die Versuchsperson, während sie der Täuschung unterlag, nicht etwa nur verstandesmäßig davon überzeugt war, in gleichmäßiger Bewegung begriffen zu sein, sondern daß sie dies sogar unmittelbar zu empfinden meinte, so als sei es eine Sinneswahrnehmung. Damit ist im Rahmen eines Experiments bzw. einer Täuschung eine Gesetzmäßigkeit zum Ausdruck gekommen, die uns im Normalfall gar nicht bewußt wird: Ohne unser Zutun, ja ohne daß wir uns die Zusammenhänge gedanklich klarzumachen brauchten, ist in unserem Nervensystem ohne Unterbrechung eine Instanz tätig, die unseren jeweiligen Bewegungszustand aus den zuvor wahrgenommenen Beschleunigungen herleitet! Der berühmte Physiker HELMHOLTZ nannte ein solches Geschehen einen *unbewußten Schluß*.

Die zweite Besonderheit, die auf etwas Allgemeines hinweist, liegt in der Tatsache, daß die Armbewegung am Schluß des Versuchs zwar auf einer Dauer-Aktivität des Nervensystems beruhen mußte, daß diese aber nicht auf den Empfang von zugehörigen Dauer-Reizen zurückzuführen war. Die Armbewegung war also kein *Reflex* im üblichen Sinne des Wortes wie etwa der Lidschlußreflex, der durch den Anblick eines aufs Auge zu bewegten Gegenstandes ausgelöst wird. Das ZNS bildet vielmehr auf Grund von Außenreizen, den Meldungen über Drehbeschleunigungen, einen inneren Funktionszustand aus, der einen Informationswert (z. B. „gleichmäßige Rotation rechtsherum") repräsentiert, und *dieser* hält dann eine fortlaufende Aktion des Körpers beliebig lange aufrecht, ohne auf erneute Reiz-Zufuhr von außen angewiesen zu sein. Das ZNS ist also nicht nur ein Leitungs- und Umschaltungs-System; es kann, wie unser Beispiel zeigt, auch ohne Reizung eine Körperaktion in Gang halten und die dafür notwendigen nervösen Signale aus eigener Kraft erzeugen. Das ZNS kann, wie man sich ausdrückt, *spontan* (lat. „aus eigenem Antrieb") tätig sein. Es ist ein höchst aktives System, nicht nur ein passives, von Sinnesreizen abhängiges Schaltwerk.

Der dritte interessante Gesichtspunkt der Reaktion liegt in der Methode, nach welcher das ZNS die Winkelgeschwindigkeit der Rotation aus den empfangenen Werten der Winkelbeschleunigung ermitteln muß. Der mathematische Zusammenhang zwischen (Dreh-)Bewegung und (Winkel-)Beschleunigung ist bekanntlich der, daß sich die Bewegung aus der *zeitlichen Integration* der Beschleunigung ergibt. Die Formel lautet für Winkelgeschwindigkeiten (w) und Winkelbeschleunigungen (β):

$$w = \int \beta dt$$

Bei gleichmäßiger Beschleunigung ist die erreichte Drehgeschwindigkeit $w_1 = \beta_1 t$, d. h. gleich der Beschleunigung β_1, multipliziert mit der Zeitdauer t, währenddessen das beschleunigende Drehmoment wirksam war. Dieser Formalismus ist folglich auch eine Beschreibung für die Leistung des ZNS, Drehgeschwindigkeiten aus Winkelbeschleunigungen herzuleiten. Sofern das ZNS diese Leistung wirklich vollbringt – und das hat unser Versuch ja gezeigt – ist damit gleichzeitig gesagt, daß in ihm eine Integration über die Zeit vor sich geht. Damit ist für uns zum ersten Male die Fähigkeit des ZNS deutlich geworden, im Dienste einer biologischen Funktion (Gewinnung der Information über den Bewegungs-Zustand des Körpers) eine *mathematische Operation* durchzuführen.

A 5. Richtungstäuschungen bei Augenbewegungen

Die Versuche des folgenden Abschnitts offenbaren uns Sinnestäuschungen, die zunächst ganz unerklärlich zu sein scheinen. Wir werden aber durch Experimente und nähere Überlegungen herausfinden, daß sie Ausdruck einer für den Organismus unentbehrlichen Fähigkeit sind: Sinnesreize verschieden zu beantworten, je nachdem, ob sie durch die eigene Aktivität des Organismus verursacht wurden oder auf äußeren, von ihm unabhängigen Vorgängen beruhen.

Versuch 5a. Man hält ein Auge mit der Hand zu. Bei unbewegtem Kopf lasse man den Blick nach oben, unten und nach den Seiten schweifen. Dadurch bewegt man die Augäpfel in ihren Höhlen in verschiedene Richtungen. Niemand wird dabei unerwartete oder bemerkenswerte Beobachtungen machen, etwa die, daß sich – anstatt des Blicks – die *Umwelt* zu bewegen scheine.

Versuch 5b. Man hält ein Auge mit der Hand zu und bewegt mit der anderen Hand ganz vorsichtig den Augapfel des freien Auges, z. B. drückt man mit dem Zeigefinger ein wenig unterhalb des äußeren Augenwinkels auf das untere Lid; oder man faßt das untere Lid mit Daumen und Zeigefinger, indem man eine kleine Falte abhebt, und zieht ganz schwach und ruckweise daran. Jetzt hat man, wenn man es richtig macht, den unerwarteten Eindruck, die *Umwelt bewege sich.* Wir unterliegen also einer Bewegungstäuschung. Sie verschwindet auch nicht, wenn man sich gedanklich klar macht, daß es eine Täuschung ist. Sie entsteht bei Versuch *5a* niemals.

Falls das Bild verschwommen wird oder sich verzerrt, hat man zu stark auf den Augapfel gedrückt und ihn deformiert; diese Erscheinung ist in unserem Zusammenhang nicht von Interesse, und man soll sie vermeiden, um das Auge nicht zu schädigen.

Deutung. Zunächst erhebt sich die Frage: Welche Bedingungen waren in Versuch *5a* und *5b* unterschiedlich, könnten also für die Unterschiedlichkeit der Empfindungen verantwortlich sein? In beiden Fällen handelte es sich um Bewegungen des Augapfels innerhalb des unbewegten Kopfes und infolgedessen auch um Positionswechsel und Bewegungen des Umweltbildes auf der Netzhaut. Dort kann also der Grund für die Sinnestäuschung von Versuch *5b* nicht zu suchen sein. Ein Unterschied lag dagegen in folgendem: In Versuch *5a* wurden die Augäpfel von ihren eigenen Augenmuskeln bewegt, in *5b* dagegen von außen her mit Hilfe der Finger.

Dies erinnert an unsere Befunde beim Nick-Lese-Versuch *(A 3):* Die Relativbewegungen zwischen Kopf und Lesetext waren den Augenmuskeln nur dann im voraus gemeldet worden, wenn der Kopf die Bewegung ausführte, nicht aber, wenn die Arme den Lesetext bewegten. Könnte hier nicht etwas ähnliches vorliegen derart, daß das ZNS über die Bewegungen der Augäpfel nicht richtig informiert wird, wenn diese von außen her mit den Fingern und damit ebenfalls durch Vermittlung der Arme bewegt werden? Mit anderen Worten hieße das: Bei Augenbewegungen entständen Täuschungen über den Bewegungszustand der Umwelt, falls die zuständige Instanz des Gehirns keine Information über die Augenbewegungen besäße bzw. empfinge. Ist so etwas denkbar? Muß die Feststellung einer Bewegung von der Kenntnis abhängen, ob sich das registrierende Organ selbst bewegt?

Modellbeispiel. Die eben gestellte Frage ist zu bejahen. Die Information über die Eigenbewegung hat einen Einfluß darauf, wie eine zweite wahrgenommene Bewegung gedeutet werden muß. Wir wollen diesen Zusammenhang aber nicht abstrakt, sondern an Hand eines Modellbeispiels aus dem täglichen Leben untersuchen:

Man sitzt im Eisenbahnwagen. Während eines Haltes des Zuges auf dem Bahnhof blickt man aus dem Fenster auf einen auf dem Nachbargleis haltenden Zug. Plötzlich beginnt sich das Bild des anderen Zuges zu bewegen. Fährt nun der eigene Zug? Oder fährt der andere, während wir noch stehen? Diese Frage können wir nicht allein durch den Anblick des anderen Zuges entscheiden; wir müssen eine unabhängige Information darüber besitzen, ob sich der *eigene Zug* bewegt oder nicht. Täuscht man sich über den eigenen Bewegungszustand, so deutet man zwangsläufig auch den Bewegungszustand des anderen Zuges falsch. Staunend oder sogar erschreckt nimmt man dann die wahren Verhältnisse zur Kenntnis, nachdem der andere Zug das Blickfeld des eigenen Abteilfensters verlassen hat: Man steht noch, obwohl man zu fahren meinte, oder man fährt, obgleich man noch zu stehen wähnte. – Man interpretiert also eine wahrgenommene Bewegung falsch, wenn man den eigenen Bewegungszustand unrichtig einschätzt.

Den Zusammenhang zwischen der Deutung von Bewegungswahrnehmungen und dem eigenen Bewegungszustand wollen wir an Hand des Modellbeispiels noch genauer untersuchen, vor allem um zu ermitteln: Welches logische Schema liegt der Deutung zugrunde? Dazu stellen wir in einer Tabelle die wichtigsten denkbaren Situationen zusammen. Der Tabelle liegt folgende Vorstellung zugrunde: Der Beobachter steht quer zur Fahrtrichtung im Abteil und blickt aus dem Fenster; er sieht daher das Bild des anderen Zuges „nach links“ oder „nach rechts“ wandern, und er bezeichnet daher auch die Fahrtrichtung des eigenen Zuges mit den Ausdrücken „nach rechts“ oder „nach links“. Jede Beobachtung beginnt damit, daß der Beobachter das Bild des anderen Zuges in Ruhe oder in Bewegung sieht (linke Spalte der Tabelle). Danach – zweitens – macht er sich bewußt, was der eigene Zug tut (mittlere Spalte). Aus beiden Informationen zieht er dann den Schluß auf das tatsächliche Verhalten des anderen Zuges (dritte Spalte). Bei den Angaben der linken Spalte handelt es sich also um eine visuelle (Gesichts-)Wahrnehmung, bei der mittleren Spalte um eine Tatsache (über welche der Beobachter etwa durch Wahrnehmung ruckartiger Beschleunigungen des eigenen Zuges informiert sein kann), bei der dritten Spalte ebenfalls um eine Tatsache (welche der Beobachter aber erst aus den ersten beiden Informationen ableiten muß).

Bild (B) des gesehenen Zuges	*Verhalten des eigenen Zuges (A)*	*Richtiger Schluß über den anderen Zug (C)*
1. steht	steht	steht
2. bewegt sich nach re	steht	fährt nach re
3. bewegt sich nach re	fährt nach li	steht
4. bewegt sich nach li	steht	fährt nach li
5. bewegt sich nach li	fährt nach re	steht

Die Liste ist so zusammengestellt, daß man auch die denkbaren Täuschungen bequem ablesen kann. Miteinander verwechseln lassen sich einerseits Zeile 2 und 3, andererseits Zeile 4 und 5. Täuschungen treten auf, wenn man sich bei gegebenem Gesichtseindruck (Spalte 1) über den Bewegungszustand des eigenen Zuges täuscht (z. B. nach „Einschleichen" der Fahrbewegung wegen zu geringer Beschleunigung). In der rechten Spalte läßt sich dann der falsche Schluß auf das Verhalten des anderen Zuges ablesen. Z. B.: Man sieht B nach rechts bewegt, weil man selbst nach links abfährt (Zeile 3). Der andere Zug steht also. Man täuscht sich jedoch und meint, der eigene Zug halte noch (Zeile 2). Man empfindet daher, der andere Zug fahre nach rechts (Zeile 2, rechte Spalte), obwohl – in Wirklichkeit – man selbst nach links fährt. Man schätzt also den Bewegungszustand des anderen Zuges falsch ein, wenn man über den eigenen unrichtig informiert ist.

Es trägt zum Verständnis bei, noch andere, wenn auch seltener verwirklichte Kombinationen in die Liste aufzunehmen, weil dann der formale Zusammenhang deutlicher zu Tage tritt:

6. steht	fährt nach li	fährt nach li mit gleicher Geschwindigkeit
7. steht	fährt nach re	fährt nach re mit gleicher Geschwindigkeit
8. bewegt sich nach re	fährt nach re	fährt nach re mit doppelter Geschwindigkeit
9. bewegt sich nach li	fährt nach li	fährt nach li mit doppelter Geschwindigkeit

Für Zeile 8 und 9 wurde einfachheitshalber vorausgesetzt, die Geschwindigkeiten von B und A seien gleich groß.

Logische Analyse des Modellbeispiels. Die Liste enthält in ihren beiden Teilen zusammen neun Situationsbeschreibungen. Stehen sie miteinander in irgendeinem logischen Zusammenhang? Liegt dem logischen Schluß von dem, was in der linken und mittleren Spalte steht, auf das Ergebnis der rechten Spalte überall eine und dieselbe Gesetzmäßigkeit zugrunde, oder gelten von Fall zu Fall verschiedene Regeln? Um dies bequemer untersuchen zu können, führen wir Formelzeichen ein: Die Geschwindigkeit des Bildes des anderen Zuges sei v_B, die des eigenen Zuges v_A und die des anderen Zuges v_C. Alle Geschwindigkeiten, die vorkommen, seien gleich groß und haben den Zahlenwert 1. Eine Bewegung nach links werde durch „minus", eine solche nach rechts mit „plus" versinnbildlicht. (Dies ist zulässig, weil entgegengesetzte Bewegungen einander aufheben; läuft man z. B. innerhalb eines langsam fahrenden Zuges ebenso schnell in der Gegenrichtung, so bleibt man relativ zur Erdoberfläche auf der Stelle.) Wir schreiben nun einige Zeilen der Tabelle in diese Zeichen um und finden:

Zeile 2: $v_B = +1$	$v_A = 0$	$v_C = +1$
Zeile 3: $v_B = +1$	$v_A = -1$	$v_C = 0$
Zeile 4: $v_B = -1$	$v_A = 0$	$v_C = -1$
Zeile 5: $v_B = -1$	$v_A = +1$	$v_C = 0$
Zeile 6: $v_B = 0$	$v_A = -1$	$v_C = -1$
Zeile 8: $v_B = +1$	$v_A = +1$	$v_C = +2$

Ein Blick auf diese Aufstellung zeigt: In allen Zeilen gilt dieselbe Gesetzmäßigkeit. Die Geschwindigkeit v_C ergibt sich aus v_B und v_A, indem man diese *summiert.* Daher gilt die gemeinsame Regel:

$$v_B + v_A = v_C \tag{1}$$

In Worten bedeutet dies: Gegeben seien eine wahrgenommene (Bild-) Bewegung und die Eigenbewegung des aufnehmenden Organs, gesucht ist die tatsächliche Bewegung des wahrgenommenen Gegenstandes. Die Lösung der Aufgabe lautet: Durch *Summierung* von Bildbewegung und Eigenbewegung erhält man die Eigenbewegung des wahrgenommenen Gegenstandes.

Anwendung auf die Bewegungstäuschung. Die Ergebnisse der Versuche *5a* und *5b* und der Vergleich mit dem Nick-Lese-Versuch hatten die Frage angeregt: Könnte die beobachtete Bewegungstäuschung darauf zurückzuführen sein, daß die mit der Hand verursachten Bewegungen des Augapfels nicht an die für die Einrechnung der Eigenbewegung zuständige Instanz des Gehirns gemeldet werden? Die soeben durchgeführte Modellüberlegung bestätigt diese Vermutung. Bezeichnen wir die Bewegung des Augapfels (eine Winkelbewegung!) mit w_A, die empfundene Bewegung (gleich, ob eine Täuschung oder nicht) mit w_B, und die tatsächliche Winkelbewegung des wahrgenommenen Gegenstandes (in bezug auf den Wahrnehmenden als Scheitelpunkt) als w_C, so muß entsprechend den vorhergehenden Überlegungen die Formel gelten

$$w_B + w_A = w_C \qquad (2)$$

Im Versuch *5b* war eine Bewegung des Augapfels $w_A = x$ hervorgerufen worden; w_C, die Umweltbewegung, war null. w_B, also die empfundene Bewegung, mußte darum gemäß Formel (2) $-x$ sein, also eine Bewegung entgegengesetzt zur Augenbewegung. Gerade diese Bewegung war auch sichtbar. Allerdings war sie eine *Schein*bewegung, eine Bewegungs*täuschung*, weil sich die Umwelt in Wirklichkeit ja *nicht* bewegte. Versuch *5b* entsprach somit eindeutig den Zeilen 3 oder 5 der Tabelle: Der eigene Zug fährt, der andere steht, sein Bild bewegt sich daher in der Gegenrichtung.

An der Bewegungstäuschung des Versuchs *5b* ist somit eigentlich nichts Verwunderliches. Rätselhaft ist dagegen nun plötzlich das Ergebnis des ersten Versuchs *(5a)*, das uns zunächst selbstverständlich schien: Das Auge schweift, bewegt von seinen Augenmuskeln, umher, macht also vielfältige Winkelbewegungen w_A, und trotzdem haben wir nicht das Gefühl, daß sich die Umwelt bewege. Dabei bewegt sich doch deren Bild auf der Netzhaut unseres Auges jeweils in der Gegenrichtung zu den Augenbewegungen. Wir können das, wenn wir darauf achten, auch bewußt bemerken. Aber wir empfinden es höchstens als Bildbewegung, nicht als Umweltbewegung wie in Versuch *5b*. Wie ist das möglich?

Betrachten wir nochmals Formel (2), so bietet sich folgende Erklärung: Unsere Richtungsempfindung spiegelt, so könnte man vermuten, normalerweise gar nicht die Bewegungswahrnehmungen w_B, sondern den tatsächlichen Bewegungszustand der Umwelt w_C wider. Wäre dem so, dann müßten nach Formel (2) w_B (die Bewegungswahrnehmung) und w_A (die Eigenbewegung der Augäpfel) *summiert* werden. Unser ZNS würde danach selbsttätig solche Schlüsse ziehen, wie es der Beobachter im Modellbeispiel mit Hilfe der Logik tut. Ist so etwas denkbar? Biologisch sinnvoll wäre es jedenfalls in hohem Maße, wenn dem Bewußtsein von vornherein – und nicht erst durch nachträgliche Überlegung – klargemacht würde, ob eine vom Auge gemeldete Bewegung auf einer tatsächlichen Bewegung der Umwelt beruht oder nur darauf, daß sich der eigene Augapfel bewegt hat. Und dieser sinnvollen Forderung scheint ja in Versuch *5a* unser ZNS auch zu entsprechen! – Wir wiederholen also: Das ZNS müßte hierzu gemäß unserer Modellüberlegung die vom Auge gemeldete Bewegung und die Augenbewegung addieren; und unser Bewußtsein würde uns das Ergebnis dieser Addition kundgeben.

Aufstellen einer Hypothese zur Deutung von Versuch 5a. Zunächst scheint es allerdings undenkbar zu sein, daß der Organismus zwei so verschiedene Dinge wie eine Wahrnehmung von Bewegung w_B und eine Eigenbewegung der Augäpfel w_A miteinander in Beziehung bringen und addieren könnte. Schaut man aber näher hin, so findet man: Beide Werte sind ja im Gehirn in Form nervöser Signale oder Meldungen repräsentiert: Der Sehnerv überträgt Meldungen über Bewegungen ans Gehirn, andere Nerven tragen die Befehle für die Augenbewegungen vom Gehirn zu den Augenmuskeln. Innerhalb des Gehirns liegen also beide Werte als nervöse Signale vor, die Bildbewegungen w_B als nervöse Sinnesmeldungen, die Augenbewegungen w_A als nervöse Kommandos. Danach ist es also doch denkbar, daß sie gemäß Formel (2) addiert werden. Wir stellen darum die Hypothese auf: Das Gehirn addiert selbsttätig die Bewegungswahrnehmungen des Auges w_B und die Bewegungsbefehle für die Augenmuskeln w_A; und erst das Ergebnis dieser Addition ist es, was uns als Rich-

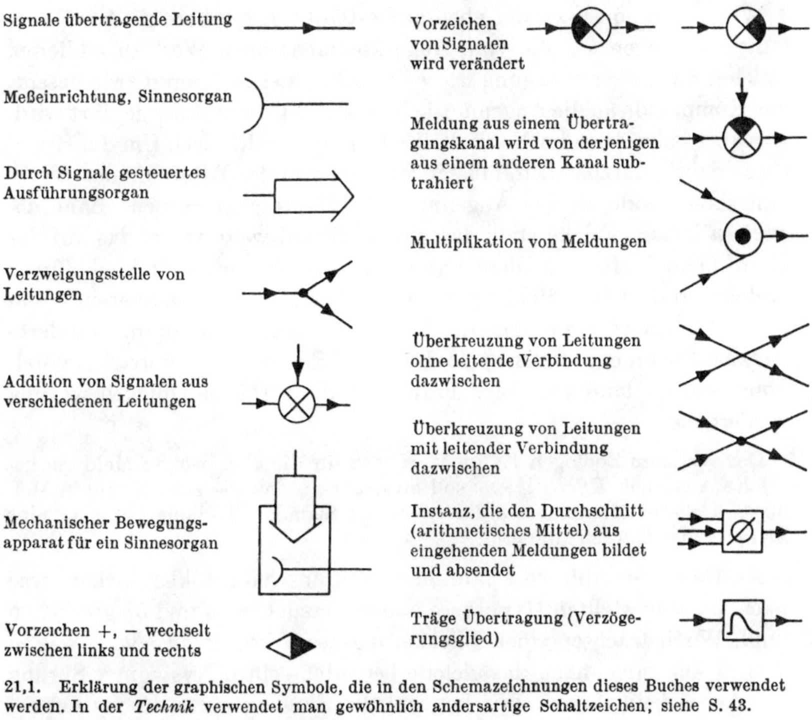

21,1. Erklärung der graphischen Symbole, die in den Schemazeichnungen dieses Buches verwendet werden. In der *Technik* verwendet man gewöhnlich andersartige Schaltzeichen; siehe S. 43.

tungs- oder Bewegungswahrnehmung bewußt wird. Die Erklärung für die Sinnestäuschung von Versuch *5b* läge dann darin, daß der zur Addition notwendige Wert w_A bei der Bewegung des Augapfels mit der Hand nicht an die zuständige Instanz gelangte.

Darstellung der Hypothese in einem Funktionsschema (Blockschaltbild). Es empfiehlt sich, Hypothesen wie die vorangegangene durch schematische Zeichnungen anschaulich zu machen. In Abb. *21,1* sind Zeichen zusammengestellt, die man in solchen „Blockschaltbildern" verwenden kann.

Das Blockschaltbild der Hypothese muß folgende Bestandteile des betrachteten Systems enthalten: Das Auge als Sinnesorgan für Bewegungen nebst der nervösen Bahn, welche seine Meldungen von der Netzhaut ans Gehirn überträgt (bzw. dem Bewußtsein übergibt); den Bewegungsapparat des Auges (die Augenmuskeln) nebst der Nervenbahn, welche die Kommandos für sie aus dem Gehirn überträgt; und ein Symbol dafür, daß eine Bewegung des Augapfels – z. B. nach rechts – eine Netzhautmeldung hervorruft, die einer entgegengesetzten Umweltbewegung – also nach links – entspricht: Formal gesehen wechselt also das Vorzeichen. Bis hierher wäre die Zeichnung Abb. *23,1* fertiggestellt bis auf die waagerechte, mit „Efferenzkopie" bezeichnete Bahn.

Wir haben nun nach der eben aufgestellten Hypothese zu den Bewegungsmeldungen w_B, die vom Auge kommen, einen Wert zu addieren, welcher die Augenbewegung w_A wiedergibt; hierfür kommt, wie gesagt, das Kommando an die Augenmuskeln in Frage (sofern es ausgeführt wird, was aber beim Auge im Normalfall selbstverständlich ist). Um die Hypothese richtig darzustellen, müssen wir also von der Bahn, die das Bewegungskommando zu den Augenmuskeln überträgt, eine neue Bahn *abzweigen* lassen, welche stets das gleiche Signal weiterträgt, das auf der Hauptbahn läuft; und diese Bahn muß zur afferenten Bahn hinüberlaufen und dort ihre Meldungen zu deren Meldung hinzuaddieren. Wenn das geschehen wäre, empfinge das Bewußtsein nicht mehr die unveränderte Netzhautmeldung, sondern eine durch die Efferenzkopie korrigierte Meldung, welche dann aber nach Formel (2) die wirkliche Objektbewegung wiedergäbe.

Der von dem Zoologen Erich v. Holst für die abgezweigte Meldung geprägte Ausdruck *Efferenzkopie* soll ausdrücken, daß die zur afferenten Meldung addierte Meldung w_A die *efferenten* Signale widerspiegelt, also eine „Kopie" der Efferenz darstellt.

An Hand der Abb. *23,1* kann man sich anschaulich klarmachen, was nach der aufgestellten Hypothese in den Versuchen *5a* und *5b* geschehen muß. Wir betrachten einen Blicksprung des Versuchs *5a* oder – was in diesem Zusammenhang das gleiche bedeutet – einen Nystagmus-Sprung des Auges beim Lesen. Wir kennen alle Eingangswerte des Systems –

Augenbewegungskommando und Bewegungsmeldung der Netzhaut – und den Ausgang aus dem System – den bewußten Eindruck, daß sich das Objekt, in diesem Fall die optische Umwelt, *nicht* von der Stelle rührt.

Was geschieht im einzelnen? Das Kommando w_A entsteht und wird sowohl zu den Augenmuskeln als auch (als Efferenzkopie) an die Additionsstelle geleitet. Auf Grund der Muskeltätigkeit bewegt sich das Auge, und es entsteht die entgegengesetzte Bewegungswahrnehmung „$-w_B$" vom gleichen Winkelbetrag wie w_A. Die Meldung $-w_B$ trifft nun an der Additionsstelle auf die Efferenzkopie w_A. Die Addition beider Meldungen $+w_A - w_B$ ergibt null. Die Meldung ans Bewußtsein lautet also, wie gefordert: *Keine Umweltbewegung.*

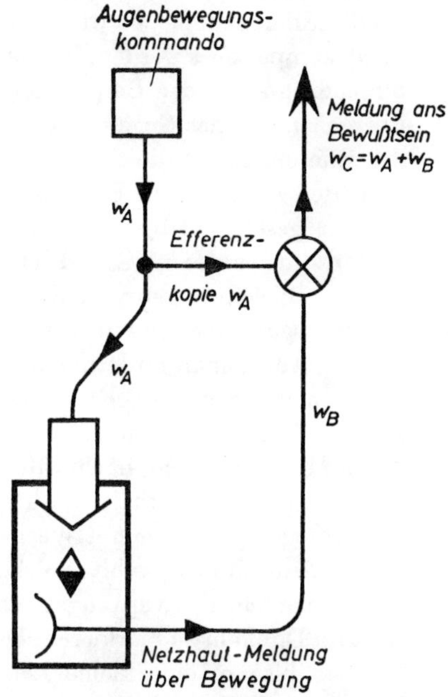

23,1. Blockschaltbild für die Hypothese, daß bei Blickbewegungen das Kommando für die Augenbewegungen in Form einer *Efferenzkopie* zu den Bewegungsmeldungen des Auges addiert wird. Gemäß der Hypothese wird durch diese Operation entschieden, ob man wahrgenommene Positionswechsel von Sehdingen als Ergebnis eigener Bewegung oder als Bewegung des gesehenen Dinges bzw. der Umwelt empfindet.

Im Fall von Versuch *5b* ist das Geschehen anders: Es ist kein Bewegungskommando vorhanden, trotzdem wird aber das Auge – von außen her – bewegt. Es entsteht also eine Meldung $-w_B$. An der Additionsstelle wird zu ihr weder etwas addiert, noch von ihr etwas subtrahiert; sie geht also unverändert weiter und muß zur Empfindung führen, die Umwelt bewege sich.

Prüfbare Konsequenzen der Hypothese der Abb. 23,1. Betrachten wir das beschriebene Geschehen bei Versuch *5a*, also bei der normalen Augenbewegung, genauer, so fällt folgendes auf: Die beiden Wirkungsketten, die sich an der Verzweigungsstelle trennen und an der Additionsstelle wieder vereinigen, sind sehr verschiedenartig. Die eine besteht aus der Folge: Signalübertragung auf Nervenbahnen → Muskelkontraktion → Augapfelbewegung → Erregungsvorgänge in den Lichtsinneszellen → Nervenleitung im Sehnerven; die andere Wirkungskette (Bewegungskommando → Efferenzkopie → Additionsstelle) erstreckt sich nur über Nervenbahnen innerhalb des Gehirns. Dies führt zur Frage: Gelangen beide Meldungen wirklich genau gleichzeitig an den Additionsort? Wenn nicht, müßten bei Blicksprüngen vorübergehende Bewegungseindrücke zu beobachten sein: Käme die Netzhautmeldung früher an die Additionsstelle als die Efferenzkopie, so würde sie – wie in Versuch *5b* – vorübergehend nicht kompensiert werden, müßte also unverändert ans Bewußtsein weitergehen und zu der Empfindung führen, das Objekt bewege sich vorübergehend in der Gegenrichtung zur Blickbewegung. Wäre es dagegen die Efferenzkopie, die früher den Additionsort erreichte, so wäre das Gegenteil zu erwarten: Es müßte vorübergehend so scheinen, als bewege sich das gesehene Objekt *in* der Richtung des Blicksprunges.

Man kann es also auf Grund der Hypothese Abb. *23,1* für denkbar halten, daß bei Blicksprüngen vorübergehende Scheinbewegungen auftreten. Ja es läge sogar nahe, dies zu vermuten; denn es schiene sehr viel verlangt zu sein, wollte man fordern, daß die Meldungen auf den beiden sehr verschiedenen Wegen, welche die Zeichnung darstellt, präzise zur gleichen Zeit am Additionsort eintreffen sollten. – Diese Überlegungen wollen wir nun an der Erfahrung nachprüfen.

Versuch 5c. Man erhält die klarsten Ergebnisse, wenn man als gesehenen Gegenstand eine mit Wechselstrom (50 Hz) gespeiste Glimmlampe in dunklem Umfeld wählt. Solche Glimmlampen werden heute vielfach in Treppenhäusern verwendet, um die Druckschalter für das Treppenlicht im Dunkeln zu markieren. Die Glimmlampe soll klein sein; eine größere ist bis auf eine kleine Leuchtfläche abzudunkeln. Glimmlampen leuchten bei Wechselstrom nicht kontinuierlich, sondern senden Lichtblitze mit der doppelten Frequenz des Wechselstroms aus. Der Versuch besteht einfach darin, daß man zunächst auf die Glimmlampe blickt und dann einen Blicksprung folgen läßt, so daß man ein Stück neben sie schaut.

Ergebnis. Bei einiger Aufmerksamkeit beobachtet man, daß die Glimmlampe während solcher Blicksprünge nicht ruhig an ihrem Platz zu bleiben, sondern sich zu bewegen scheint. Die Bewegung kann man darum besonders deutlich wahrnehmen, weil die scheinbare Bewegungsbahn wegen der diskontinuierlichen Leuchtweise der Glimmlampe in Einzelpunkte aufgelöst wird. Nach dem Blicksprung und nach den Scheinbewegungen hat man den Eindruck, daß die Glimmlampe letztlich wieder am alten Platz ist. Interpretiert man die Scheinbewegungen im Licht des hypothetischen Schaltbildes *[23,1]*, so bedeuten sie, daß Netzhautmeldung und Efferenzkopie nicht gleichzeitig am Additionsort eintreffen.

Will man alle Information aus dem Versuch gewinnen, die in ihm enthalten ist, so kann man folgendermaßen vorgehen: Zunächst berichten alle Teilnehmer über ihre Beobachtungen; diese werden wahrscheinlich widersprüchlich sein. Für die einen (rund 70% derer, die eine Scheinbewegung beobachten) bewegt sich der Lichtpunkt in Richtung des Blicksprunges, für andere (rund 30%) in der Gegenrichtung. Für die einen kehrt der Lichtpunkt seine Bewegungsrichtung um und bewegt sich – eventuell nach einem Überschießen zur anderen Seite – auf den alten Platz zurück; für die anderen verschwindet der wandernde Lichtpunkt, ohne seine Bewegungsrichtung umgekehrt zu haben, und der endgültige Lichtpunkt ist gleichzeitig wieder da, er „entsteht von neuem".

Deutung. Bei denjenigen Beobachtern, die den Lichtpunkt in Gegenrichtung zum Blicksprung laufen sehen, trifft – nach der aufgestellten Theorie – die Netzhautmeldung früher an der Additionsinstanz ein als die Efferenzkopie. Diese Beobachter haben daher jeweils einen Augenblick lang denjenigen Eindruck, der bei jedem Blicksprung entstehen müßte, wenn es gar keine Efferenzkopie gäbe. – Bei denjenigen Beobachtern dagegen, für die der Lichtpunkt in die gleiche Richtung wie ihre Blickbewegung zu laufen scheint, kommt die Efferenzkopie früher am Additionsort an als die Meldung von der Netzhaut. Diese Beobachter sehen gleichsam ihr eigenes zentralnervöses Bewegungskommando bzw. dessen Kopie „mit ihren eigenen Augen". – Einen tieferen Grund dafür, daß die Menschen sich in zwei Gruppen teilen, die so verschieden reagieren, kennen wir zur Zeit noch nicht.

Sicherheitsgrad der Ergebnisse. Wir gingen von Beobachtungen aus: Der Mensch hat bei der Wahrnehmung von Bewegungen von Sehdingen einen zwingenden Begleiteindruck, der ihm sagt, ob es das Gesehene ist, was sich vom Platz rührt, oder ob es stillsteht und nur das aufnehmende Auge seine Blickrichtung ändert. Diesem Eindruck kann man sich nicht entziehen, selbst wenn man, wie in Versuch *5b*, genau weiß, daß man sich täuscht. Unser Bewußtsein gibt also nicht einfach das Netzhautbild wieder, sondern es entscheidet bei wahrgenommenen Bewegungen gleichzeitig, ob diese auf Eigen- oder Fremdbewegungen beruhen. Die Angaben des Bewußtseins können auch unzutreffend sein, so wenn die Augäpfel im Experiment von außen her und nicht von ihren eigenen Augenmuskeln bewegt werden. – Bis hierher hatten wir es mit Beobachtungen, mit „Phänomenen" zu tun, die jeder Mensch jederzeit nachprüfen kann. Es ist daher nicht sinnvoll, an deren Existenz zu zweifeln.

Wir hatten dann aber die beobachteten Erscheinungen zu deuten versucht. Durch Überlegung kamen wir auf eine Hypothese, die in Abb. *23,1* graphisch dargestellt wurde. Diese Hypothese enthält eine unabdingliche logische Forderung: Der efferente Zweig der Signalübertragung muß mit dem afferenten irgendwie in Verbindung treten, um die Information über die Efferenz, die ja das Bewußtseinsbild, wie eben ausgesprochen, mitgestaltet, in den afferenten Übertragungsweg hineinzuführen. Hier haben wir also wie zuvor eine wissenschaftlich sichere Aussage vor uns; doch handelt es sich nicht um ein Phänomen, sondern um eine logische (Minimal- oder Mindest-)Forderung.

Ob aber die Zusammenarbeit zwischen Efferenz und Afferenz gerade so vor sich geht, wie es in Abb. *23,1* schematisch dargestellt wurde, also durch Addition einer Efferenzkopie, darüber wird erst dann endgültig wissenschaftlich entschieden sein, wenn man solche Vorgänge auf irgendeine Weise unmittelbar innerhalb des Gehirns beobachten kann. Wir können bislang nur sagen, daß keine Beobachtung dieser speziellen Annahme widerspricht. Besonders gestützt wird die spezielle Annahme durch die Tatsache, daß Versuch *5c* bei verschiedenen Menschen *gegensätzliche Wahrnehmungen* auslöst, was mit der dargestellten Hypothese übereinstimmt, auf andere Weise – z. B. durch Nachbilder auf der Netzhaut – aber schwer erklärbar wäre.

Die in Abb. *23,1* dargestelle Hypothese ist das Kernstück des sog. *Reafferenzprinzips.* Dieses ist 1950 von den Zoologen von Holst und Mittelstaedt aufgestellt worden.

A 6. Binokulare Entfernungsmessung

Menschen, die ein Auge verloren haben, können weniger gut Entfernungen schätzen als beidäugig Sehende. Diese Tatsache beruht darauf, daß unser Gehirn neben anderen Kriterien den *Konvergenzwinkel zwischen den Augenachsen* zur visuellen Entfernungsmessung nach dem Prinzip der Dreieckspeilung auswertet. Hierbei muß das Zentralnervensystem bestimmten Konvergenzwinkeln bestimmte Entfernungen fest zuordnen. Die Existenz dieses Mechanismus der Informations-Auswertung läßt sich in folgenden Versuchen aufzeigen:

Versuch. Die Vp. hat eine waagerechte Tischplatte vor sich, deren Fläche einige Zentimeter unter ihrer Augenhöhe liegt. Der Versuchsleiter stellt nun, während die Vp. die Augen geschlossen hält, einen dünnen Stab, z. B. einen Bleistift, senkrecht vor ihr auf die Tischfläche. Nach Öffnen der Augen muß die Vp. mit der rechten Hand von der Seite her einen zweiten Bleistift so auf den stehenden Stift zu bewegen, daß dieser getroffen wird. Ein Beobachter beobachtet von der anderen Seite oder von oben her, ob die Vp. das Ziel trifft bzw. um wie viele Zentimeter das Ziel verfehlt wird.

Der Stift darf in diesem Versuch natürlich nicht weiter als eine Armlänge von der Versuchsperson entfernt aufgestellt werden, damit er noch erreichbar bleibt; andererseits soll er nicht näher den Augen stehen, als es deren Nahepunkt entspricht, d. h. er muß stets noch scharf zu sehen sein. In dem durch diese beiden Grenzentfernungen gegebenen Bereich werden 20 bis 50 einzelne Zielversuche durchgeführt. Während des Umstellens des Bleistifts muß die Versuchsperson die Augen schließen. Die Entfernungen werden in unregelmäßiger Folge gewechselt, also nicht der Reihe nach erst kürzere und dann längere oder ähnlich.

Der Versuch wird einäugig *(6a)* und beidäugig *(6b)* durchgeführt. Bei *6a* wird ein Auge entweder mit der Hand zugehalten oder ein kleiner Schirm (zur Not ein Buch) vor das Auge gestellt. Das Ergebnis wird sein, daß die Vp. bei *6b* sehr viel zielsicherer ist als bei *6a*. Die Messungen können auf verschiedene Weise ausgewertet werden: Die durchschnittliche Abweichung kann für alle Versuche oder gesondert für „zu weites" und „zu nahes" Zielen berechnet werden; die Güte der visuellen Entfernungsmessung kann für verschiedene Vp. verglichen werden (dann arbeiten mehrere Dreiergruppen von Teilnehmern – Versuchsleiter, Vp., Beobachter – gleichzeitig); der absolute durchschnittliche Fehler kann für verschiedene Entfernungen des Zielens ermittelt werden usw.

Versuch 6c. Dadurch, daß man die Vp. nicht mit dem eigenen Arm zeigen, sondern einem anderen Teilnehmer Kommandos („näher", „weiter weg") geben läßt, kann man den Bereich des Entfernungssehens auch außerhalb der Reichweite des Armes untersuchen lassen.

Deutung. Der Versuch macht klar, daß zwar ein Auge auch allein nicht ganz unfähig zur Entfernungsmessung ist; beide Augen gemeinsam erreichen aber eine viel höhere Genauig-

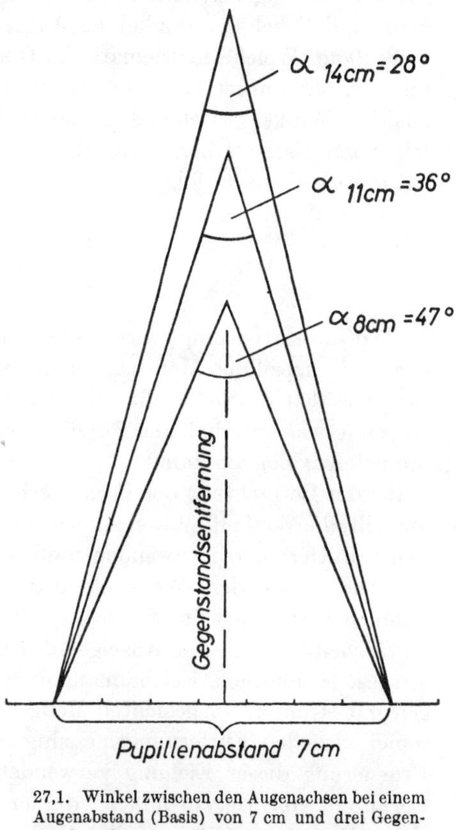

27,1. Winkel zwischen den Augenachsen bei einem Augenabstand (Basis) von 7 cm und drei Gegenstandsentfernungen (8, 11, 14 cm). Mit der Vergrößerung der Gegenstandsentfernung werden die damit verbundenen Winkeländerungen geringer; wie die Abbildung zeigt, machen 3 cm Unterschied zwischen 8 cm und 11 cm 11° aus, zwischen 11 cm und 14 cm aber nur noch 8°. Hiermit hängt es zusammen, daß die Dreieckspeilung mit den Augen nur bis zu Gegenstandsentfernungen von etwa 1 m zur Entfernungsschätzung dienen kann.

keit. Bei der Entfernungsschätzung mit *einem* Auge verwertet der Organismus erstens die zum Scharfsehen des Gegenstandes eingestellte Linsenkrümmung, zweitens (falls die absolute Größe des gesehenen Gegenstandes bekannt ist) die Größe seines Bildes auf der Netzhaut, also seine „scheinbare Größe“. Bei beidäugigem Sehen kommt als Entfernungskriterium hinzu: Die Winkelstellung der Augachsen zueinander. Dies läßt sich leicht in folgendem Versuch demonstrieren:

Versuch 6d. Die Versuchsperson nähert einen kleinen Gegenstand ihren Augen und entfernt ihn wieder. Dabei beobachten die anderen Teilnehmer die Augenstellung. Von welcher Entfernung an kann man erkennen, daß sich der Winkel der Augachsen zueinander verändert?

Deutung. Welche mathematische Operation muß das ZNS durchführen, um ohne unser bewußtes Zutun die Entfernung des Gegenstandes aus dem Winkel zwischen den Augenachsen zu ermitteln? Eine einfache trigonometrische Überlegung *[27,1]* zeigt, daß sich die Gegenstandsentfernung h nach folgender Formel aus dem Augenachsenwinkel α berechnet:

$$h = \frac{1}{2} E \cdot \operatorname{cotg} \frac{\alpha}{2} \tag{3}$$

E ist die Entfernung zwischen den beiden Augen und damit die Basis der Dreieckspeilung. Man mißt sie bei sich selbst am besten, indem man sich vor den Spiegel stellt und ein Lineal waagerecht derart an die Augen (etwas unterhalb der Pupillen) hält, daß man den Pupillenabstand unmittelbar ablesen kann.

Bei der Betrachtung der Formel erhebt sich die Frage, wie das ZNS es anstellt, die Winkelfunktion zu gewinnen, die es zur Ermittlung verschiedener Entfernungen anwenden muß. Die Antwort lautet: Es geschieht auf eine ganz andere Weise als in den bisher besprochenen Beispielen, nämlich vermutlich durch *Eichung.* Ein Meßgerät oder eine Meß-Skala zu „eichen“, heißt: Den Anzeigen des Meß-Systems eine Skala von Werten fest zuzuordnen, welche man zuvor mit Hilfe unabhängiger Messungen mit schon zuvor geeichten Meßgeräten gewonnen hat. Zur Eichung seiner visuellen Entfernungsmessung in der Jugend und zur täglichen Erneuerung dieser Eichung verwendet der Mensch das Ertasten und Berühren von Gegenständen, die er gleichzeitig mit seinen Augen sieht. Wir messen dabei, ohne daß es uns bewußt wird, die Entfernung des berührten Gegenstandes von unserem Körper durch Auswertung der Stellung der Gelenke des betreffenden Armes. Unser ZNS ordnet dann diese „mechanisch“ gemessenen Entfernungen den gleichzeitigen Augachsenwinkeln zu und prägt sich die Beziehung zwischen den beiden verschiedenartigen Werteskalen durch Lernen ein.

B. Zwei Versuche mit größerem Aufwand zur Signalverarbeitung im Organismus

Die Versuche des Abschnitts *A* zeigten mit geringem Aufwand an Hilfsmitteln und an Zeit mehrere Aspekte der Signalübertragung und -verarbeitung im Organismus. Sollte viel Zeit zur Verfügung stehen, so lassen sich zwei weitere Versuche anschließen, die anspruchsvoller sind: Der erste verlangt ein Versuchstier und einige Geduld und Geschicklichkeit bei dessen Behandlung; der zweite ist nur sinnvoll, wenn längerdauernde Beobachtungen und Berechnungen angestellt werden können. Beide Versuche können, falls sie nicht sorgfältig und geschickt genug ausgeführt werden, leicht zu unrichtigen Ergebnissen führen; sie sind risikoreicher als die vorangegangenen. Als Grundlage für die späteren Abschnitte sind sie nicht notwendig, können daher ohne größeren Nachteil ausgelassen werden.

B1. Der Tauben-Gleichgewichts-Versuch

Zur Vorbereitung wird eine Haube aus dunklem Stoff genäht, die der Taube für die Gleichgewichtsversuche über den Kopf gestülpt werden kann. Sie soll bis zum Hals reichen und dient dazu, der Taube die Augen abzudecken. Die Taube wird am besten in einem Tragekäfig ins Zimmer gebracht. Sie soll nicht zu scheu sein, also keine besondere Angst vor dem Menschen haben. Für die Versuche wird die Taube aus dem Käfig genommen und vom Versuchsleiter mit einer Hand von unten her derart gefaßt, daß die Beine angezogen sind und die Füße der Handfläche anliegen. Der Griff muß so fest sein, daß sich das Tier durch den Versuch, die Beine zu strecken, nicht von der Hand losmachen kann. Die Flügel der Taube müssen sich aber frei bewegen können.

Der Versuch wurde in der hier dargestellten Weise von H. Mittelstaedt beschrieben.

Versuch 1a. Die festgehaltene Taube wird in einer plötzlichen Bewegung um etwa ein Drittel bis zur Hälfte eines rechten Winkels zur Seite geneigt (also um ihre Längsachse gedreht). Für die folgende Beschreibung sei willkürlich angenommen, der Versuchsleiter habe das Tier *nach links* geneigt. Wenn man es richtig macht, beobachtet man sofort eine Gleichgewichtsreaktion der Taube: Sie streckt den nach unten bewegten linken Flügel aus und macht Flugbewegungen, welche das Tier, wäre es im freien Flug, wieder in die normale Lage zurückbringen würden. Um das Tier nicht zu ängstigen, bringt man es gleich wieder in die alte Lage zurück, kann aber den Versuch ruhig wiederholen, auch in der Gegenrichtung.

Erster Schritt der theoretischen Deutung. Die Gleichgewichtsorgane, die bekanntlich im inneren Ohr liegen *[12,1]*, hatten dem Tier offenbar angezeigt, daß es seine Lage im Raum geändert hatte. Hierdurch wurden die beschriebenen Raumlage-Korrektur-Reaktionen ausgelöst.

Versuch 1b. Um die eben gezogene Folgerung nachzuprüfen, wird im zweiten Versuch nur der Kopf des Tieres zur Seite geneigt. Der Versuchsleiter faßt vorsichtig den Kopf der Taube; ohne daß der Körper bewegt wird, dreht er ihn so weit nach links, daß er dieselbe Lage im Raum erreicht, wie im vorigen Versuch der ganze Körper. Wenn die Gleichgewichtsorgane im Kopf liegen, so sollten sie in diesem Versuch die gleichen Sinnesmeldungen abgeben und folglich die gleichen Korrektur-Reaktionen hervorrufen wie im vorigen Versuch – so sollte man denken. Man beobachtet jedoch: Die Taube zeigt keine Gleichgewichtsreaktionen.

Zweiter Schritt der theoretischen Deutung. Sind also die für die Reaktionen der Flügel maßgeblichen Sinnesorgane gar nicht im Kopf bzw. im Labyrinth gelegen, sondern im Rumpf des Tieres? Diese Folgerung scheint einer unabhängigen Prüfung zugänglich zu sein: Der Körper läßt sich ja zur Seite neigen, ohne daß sich der Kopf bewegt; dann erhalten die Labyrinthe keinen Reiz, während etwaige Gleichgewichtsorgane des Rumpfes die Neigung registrieren und die Reaktion auslösen müßten.

Versuch 1c. Man faßt wieder vorsichtig den Kopf der Taube, jetzt jedoch, um ihn in seiner Lage im Raum festzuhalten, während man den Rumpf des Tieres wie im Versuch *1a* schnell nach links neigt (dabei erfolgt also eine Kopfdrehung – im Verhältnis zum Rumpf – nach *rechts*). Ergebnis: Obwohl der Kopf mit den Gleichgewichtsorganen gar nicht bewegt wird, zeigt die Taube ebenso intensive Gleichgewichtsreaktionen wie im Versuch *1a*.

Folgerung: Oberflächlich betrachtet bestätigt Versuch *1c* tatsächlich den zuvor geäußerten Verdacht, die Gleichgewichtsorgane würden sich im Rumpf des Tieres anstatt im Kopf befinden. Dies trifft jedoch nicht zu. Denn erstens liefert die anatomische Untersuchung keinen Hinweis auf das Vorhandensein eines Gleichgewichts-Sinnesorgans im Rumpf der Taube; zweitens schließen die Ergebnisse der Versuche *1b* und *1c* nur bei oberflächlicher Betrachtung aus, daß auch in ihnen die Gleichgewichtsorgane des *Kopfes* die entscheidende Rolle spielen. Dies ergibt sich aus folgender Überlegung:

In allen Gelenken befinden sich Sinnesorgane, welche dem ZNS die gegenseitige Stellung der in ihnen zusammentreffenden Knochen signalisieren. Das gilt auch für die Halswirbel. Durch die Meldungen aus den Gelenken der Halswirbelsäule erfährt das ZNS jederzeit den Winkel zwischen der Position des Kopfes und derjenigen des Rumpfes. Gegen den Rumpf war der Kopf im Versuch *1a* nicht geneigt, in *1b* nach links, in

1c nach rechts abgebogen. Die Lage des Rumpfes ergibt sich nun durch eine einfache Verrechnung zwischen den Meldungen des Labyrinths und denen der Halswirbelsäule: Wenn Neigungen oder Drehungen nach links negativ, nach rechts positiv bewertet werden, und wenn die vom Labyrinth registrierten Winkel die Bezeichnung β und die Winkel der Kopfdrehungen mit Hilfe der Halswirbelsäule die Bezeichnung α erhalten, so ergibt sich daraus die Position γ des Rumpfes nach der Formel

$$\beta - \alpha = \gamma$$

Durch Einsetzen von Winkelwerten, z. B. $-30°$ bzw. $+30°$ erhält man für *1a* und *1c* den Wert $-30°$, d. h. Schrägstellung des Rumpfes; für *1b* dagegen null, d. h. Normalposition.

Nun besteht der Sinn der Korrekturreaktionen durch die Flügel selbstverständlich darin, den Rumpf im Gleichgewicht zu halten, nicht den Kopf. Dazu braucht sich aber kein eigenes Raumlage-Sinnesorgan im Rumpf zu befinden, sondern dasjenige im Kopf genügt; denn wenn von seinen Meldungen die der Halswirbelsäule subtrahiert werden, gibt es die Position des Rumpfes an. Die Korrekturreaktionen der Raumlage der Taube werden somit durch einen zusammengesetzten Informationswert ausgelöst und gesteuert: Durch die Differenz aus den Winkelmeldungen des Labyrinths und der Halswirbelgelenke. In Versuch *1a* sind es dann allein die Meldungen des Labyrinths, in *1c* allein diejenigen der Halswirbelsäule, welche die Gleichgewichtsreaktion der Taube auslösen (weil jeweils der andere Wert die reaktionslose Normalposition anzeigt); und in *1b* geben beide Sinnesorgan-Systeme entgegengesetzte Winkelwerte an, die einander zu null aufheben.

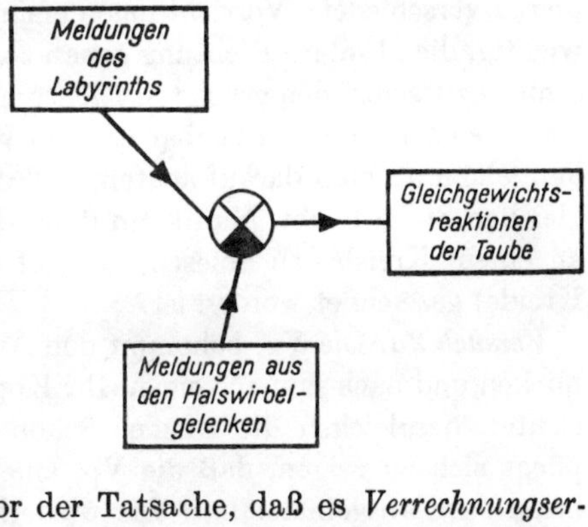

31,1. Funktionsschema für den Tauben-Gleichgewichtsversuch.

Wir stehen also wiederum vor der Tatsache, daß es *Verrechnungsergebnisse zwischen Sinnesmeldungen* sind, welche eine Reaktion steuern. In diesem Fall handelt es sich formal um eine *Subtraktion*. Abb. *31,1* zeigt das Blockschaltbild. – Das in dem Tauben-Gleichgewichtsversuch zum

Ausdruck kommende Prinzip läßt sich allgemein folgendermaßen formulieren: Befindet sich ein Sinnesorgan auf oder in einem beweglichen Sinnesorgan-Träger (hier also dem Kopf), so muß das ZNS, um die Situation des Körpers zu ermitteln, die Position des Trägers von den Meldungen des Sinnesorgans subtrahieren.

B 2. Zeigeversuch unter dem Tisch

Dieser von H. MITTELSTAEDT (1956) erdachte Versuch behandelt ein ähnliches Thema wie der vorangegangene, aber am Beispiel des Menschen. Er verlangt – was je nach den Umständen ein Vorteil oder Nachteil sein kann – etwas längerdauernde Messungen, bis er zum Erfolg führt. Er ist schwieriger auszuführen als die vorangegangenen Versuche: Schon geringe methodische Ungenauigkeiten führen zu falschen Ergebnissen. Andererseits ist der Versuch so interessant, daß sich die Mühe lohnt, ihn auszuführen.

Versuchsanordnung. Man stellt zwei Tische aufeinander in etwa 2 m Abstand vor einer genügend großen weißen Wand auf, an der man nebeneinander zwei schwarze Kreisscheiben (Durchmesser 3–5 cm) anbringt. Die Vp. stellt sich gegenüber der rechten der beiden Kreisscheiben dicht vor die Tischkante. Die obere Tischplatte soll sich gerade in der Höhe des Kinns der Vp. befinden, so daß sie die Kreisscheibe in Augenhöhe vor sich sieht und mit dem ausgestreckten rechten Arm unter der Tischplatte nach ihr zeigen kann, ohne den eigenen Arm zu sehen. Die beiden Kreisscheiben sollen so weit voneinander entfernt angebracht werden, daß sie von der Vp. in einem Winkel von gerade 20° gesehen werden. Die Richtung, in welcher die Vp. unter dem Tisch zeigt, soll auf 1 bis 2° genau gemessen werden können. Je nach der Art des Aufbaus wird man hierzu verschiedene Vorrichtungen ersinnen können. Hierbei ist es nicht wichtig, die absolute Richtung genau zu kennen, sondern nur die Unterschiede zwischen den gezeigten Richtungen in vier ähnlichen Versuchen. Da es sich bei den zu beobachtenden Winkeln um recht kleine Winkel handelt, muß man darauf achten, daß die Schulter der Vp. stets an der gleichen Stelle bleibt. Man kann dann die Position der zeigenden Hand an einem Kreisbogen ablesen, der auf die Unterseite des Tisches (mit Kreide) gezeichnet worden ist.

Versuch 2a. Die Vp. bekommt den Auftrag, den rechten Punkt anzublicken und nach ihm zu zeigen. Ihr Kopf ist dabei gerade nach vorn gerichtet, desgleichen die Augen. Schon nach wenigen Wiederholungen pflegt sich zu zeigen, daß die Vp. eine feste Richtungsvorstellung für ihren Arm ausgebildet hat. Die wiederholten Einzelmessungen streuen nur wenig um einen bestimmten Durchschnittswert. Dieser Wert wird als „Nullrichtung“ für die kommenden Versuche betrachtet; es braucht nicht nachgeprüft zu werden, ob mit ihm die Richtung zum Ziel genau getroffen ist oder nicht. – Die einzelnen Ablesungen werden vom Beobachter notiert. Keinesfalls darf die Vp. während dieses und der späteren Versuche die Meßergebnisse erfahren, weil sie sonst beeinflußt wird und veränderte Richtungswerte liefert.

Versuch 2b. Die Vp. bleibt an derselben Stelle stehen, hält vor allem die rechte Schulter am gleichen Ort, dreht sich aber mit dem ganzen Körper um 20° nach links. Sie blickt nun mit gerade nach vorn gerichtetem Kopf auf die *linke* der beiden Marken. Trotzdem ist es nun ihre Aufgabe, mit dem Arm unter dem Tisch auf die *rechte* Kreisscheibe zu zeigen. Diese Kreisscheibe wird also nicht mit der Fixierstelle der Netzhaut wahrgenommen, sondern mit einem seitlichen Netzhautteil. – Bei vielen Vp. zeigt sich nun, daß eine andere Richtung gewiesen wird als bei *2a*. Dies ist verständlich: Alle Gegenstände, welche unsere Aufmerksamkeit erregen, werden im Normalfall mit der Stelle unseres deutlichsten Sehens, der Fixierstelle, betrachtet. Die seitlichen Anteile der Netzhaut sind zum Formensehen und damit auch zum Abschätzen einer Winkelentfernung weniger geeignet. Der Fehler gegenüber *2a*, der wiederum als Durchschnittsrichtung vieler Einzelmessungen gewonnen werden soll, kann erstaunlich groß sein: In dem von MITTELSTAEDT mitgeteilten Fall war er 9,2°, das sind 46 Fehlerprozente des vom Auge zu messenden Winkels von 20°!

Versuch 2c. Die Vp. bleibt schräg stehen wie bei *2b*, darf aber jetzt mit den Augen zur rechten Scheibe, auf welche sie zu zeigen hat, hinblicken; der Kopf bleibt auf die linke Kreisscheibe gerichtet. Man sollte meinen, damit wäre die Situation von Versuch *2a* wieder hergestellt: Die Vp. blickt wieder mit der Fixierstelle des Auges auf das Ziel. Die Messungen zeigen jedoch bei vielen Vp, daß keineswegs in die „Nullrichtung" von Versuch *2a* gezeigt wird; vielmehr wird ein Fehler gemacht, der zwar kleiner ist als bei *2b*, in dem von MITTELSTAEDT untersuchten Fall aber immer noch 7° betrug.

Deutung. Der Arm der Vp. hatte nicht wie in *2a* nach vorne, sondern um 20° nach vorne rechts zu zeigen. Woher erhielt das ZNS die Meldung über diesen Winkel? Nicht von der Netzhaut, denn das Auge ist mit seiner Hauptachse auf das Sehobjekt gerichtet; die Information liegt jedoch in der Winkelstellung der Augen in ihren Höhlen; die Augäpfel sind ja um 20° nach rechts gewendet worden.

Abb. *34,1* zeigt diese Situation im Vergleich zu *2a* und *2b*, zusammen mit derjenigen im letzten Teilversuch *2 d*. Ein im Versuch *2 c* gemessener Fehler muß also daher rühren, daß das ZNS über die Stellung des Auges innerhalb des Kopfes fehlerhaft unterrichtet ist. – Wir sind damit bereits auf eine zweite Fehlmeldung gestoßen: Nach der unrichtigen Winkelmessung durch die Netzhaut in Versuch *2b* auf die fehlerhafte Information über die eigene Augenstellung in Versuch *2c*. Damit erhebt sich die Frage: Gibt es einen Versuch, der beide Fehlerquellen gleichzeitig enthält? In ihm müßte sich ein Richtungsfehler ergeben, der sich aus den beiden bisherigen Einzelfehlern zusammensetzt. Ein solcher Versuch ist Versuch *2d*.

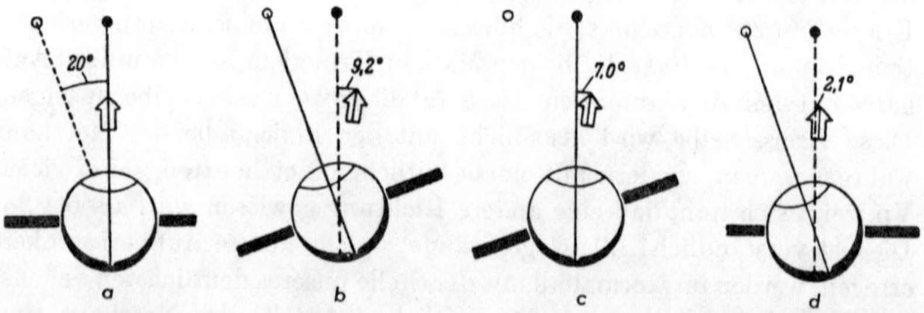

34,1. Schema für die vier Ausführungen des „Zeigeversuchs unter dem Tisch". Die schwarzen Balken geben die Richtung der Schultern an. *a*. Das Auge blickt geradeaus auf das Ziel, auf welches die Hand zeigen soll. *b*. Das Auge blickt auf den um 20° abweichenden Punkt; auch Schultern und Kopf sind nach links gewendet. *c*. Schultern und Kopf behalten diese Position, aber der Augapfel dreht sich um 20°, der Blick wird aufs Ziel gerichtet. *d*. Kopf und Schultern wie bei *a*, aber das Auge blickt 20° nach links. – Der Pfeil gibt an, welche Fehler der zeigende Arm gegenüber der Richtung von *a* in dem von MITTELSTAEDT mitgeteilten Versuch machte. Nach MITTELSTAEDT, Regelungsvorgänge in der Biologie (1956), etwas verändert.

Versuch 2d. Die Vp. stellt sich wie in *2a* parallel mit den Schultern zur Tischkante. Sie hält den Kopf geradeaus gerichtet auf die rechte Kreisscheibe, blickt jedoch mit den Augen auf die linke Marke: Gezeigt wird wie zuvor auf die rechte Marke. Jetzt muß einerseits das Auge wie in *2b* den Winkel zu der rechten Marke mit den Seitenpartien seiner Netzhaut abschätzen, andererseits hat das ZNS den Wert der Auslenkung des Augapfels wie in *2c* einzurechnen. Beide Winkel sind einander entgegengesetzt, der erste weist nach rechts, der zweite nach links. Daraus folgt, daß der Fehler dieser Messung gleich der Differenz zwischen den Fehlern in den beiden ersten Versuchen sein müßte. Diese Voraussage trifft auch ein, wenn die Versuche fehlerlos durchgeführt werden. In MITTELSTAEDTS Beispiel betrug der Unterschied zur Nullrichtung 2,1°.

Entwurf des Blockschaltbildes. Zunächst ist zu fragen: Welcher Art ist die erwähnte Information, welche das ZNS über die Stellung der Augen in bezug auf die Kopfrichtung besitzt (welche nicht ganz genau ist, wie Versuch *2c* zeigt)? Diese Frage ist bereits durch Versuch *A 5* beantwortet: Die Information kommt nicht von den Augenmuskeln oder von sonstigen Organen, welche die Stellung des Augapfels in der Augenhöhle messen könnten; die Information ist vielmehr durch das Kommando repräsentiert, welches die Augenmuskelverkürzungen und damit die Augenstellung bestimmt. Eine Abweichung von der vom Kommando bestimmten

Augenstellung wird vom ZNS, wie die Versuche *A 5* zeigten, gar nicht registriert. Damit muß das Blockschaltbild für die Bestimmung des Winkels im „Zeigeversuch unter dem Tisch“ folgende Instanzen enthalten: Die Netzhaut, welche Winkel mißt; das Kommando für die Augenstellung, welches die Augenbewegungen zur Folge hat; die Additions-Instanz für die Winkelmeldung des Auges und den Informationswert des

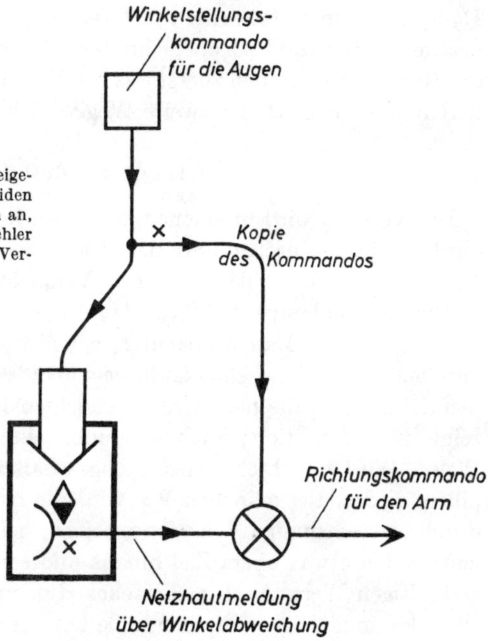

35,1. Blockschaltbild für den „Zeigeversuch unter dem Tisch“. Die beiden Markierungen in Form eines x zeigen an, an welchen Stellen vermutlich die Fehler entstehen, deren Auswirkungen im Versuch gemessen werden.

Kommandos (die hierzu notwendige Nervenbahn überträgt wie in *A 5* die „Efferenzkopie“). Von der Additionsinstanz wird dann schließlich das Richtungskommando für den zeigenden Arm abgeleitet *[35,1]*. – Bemerkenswert an dem hiermit beschriebenen Versuch ist die Tatsache, daß die verschiedenen Informationswerte im Verhaltensversuch an den verschieden großen mit ihnen verknüpften *Fehlern* zu identifizieren waren. Ferner hat sich erneut gezeigt, daß im ZNS Verrechnungsvorgänge ablaufen: Hier wie in *A 5* die *Addition* von Meldungen über Winkel.

C. Selbsttätige Regelung

In der menschlichen Geistesgeschichte ist das Prinzip der selbsttätigen Regelung wahrscheinlich zuerst von einem Techniker erfunden worden, um eine konstruktive Aufgabe zu lösen; der erste Regelmechanismus war vermutlich der Fliehkraftregler, mit Hilfe dessen JAMES WATT seine Dampfmaschine „drosselte", d. h. sie automatisch daran hinderte, eine bestimmte Drehzahl zu überschreiten. Ebensogut hätte man das Prinzip der Regelung aber auch zuerst aus der Beobachtung von lebenden Wesen herleiten können. Dieser zweite Weg wird im folgenden beschritten.

C1. Pupillen-Reaktion

Der Versuch wird in einem nicht allzu hellen, möglichst einem halbdunklen Raum durchgeführt. Die Teilnehmer beobachten die Größe der Pupillen der Versuchsperson. Der Versuchsleiter hält eine nicht allzu starke Taschenlampe dicht vor das Auge der Vp. und leuchtet plötzlich in dieses hinein. Man beobachtet, wie sich die Pupille daraufhin sofort verkleinert. Die Bewegung ist flüssig, geradezu elegant. Nach einer knappen Sekunde ist die neue Größe erreicht. Nicht nur das belichtete Auge zeigt diese Reaktion; auch das unbelichtete reagiert in der gleichen Weise. Wird das Licht wieder abgeschaltet, so öffnen sich beide Pupillen wieder. Bei manchen Vp. wird die neue Endstellung unmittelbar durch eine einsinnige Reaktion erreicht; bei anderen schießt die Pupillenreaktion etwas übers Ziel hinaus und erreicht erst von dort aus den endgültigen Wert. Auch mehrfaches Hin- und Herschwingen vor Erreichen der endgültigen Pupillengröße kommt vor.

Deutung. Die Pupille, das „Sehloch" des Auges, wird von der Regenbogenhaut (Iris) begrenzt. Diese besteht aus undurchsichtigen Muskeln, welche ringförmig um die Pupille herumlaufen. Sind diese Muskeln erschlafft, so ist die Pupille weit; kontrahieren sie sich, so wird die Pupille eng. Die Muskeln erhalten ihre Signale von efferenten Nerven, welche vom Gehirn ausgehen und dicht neben dem Austrittsort des Sehnerven in den Augapfel eintreten. Wenn die Lichtsinneszellen der Netzhaut einen Helligkeitssprung registrieren, melden sie dies durch Vermittlung des Sehnerven ans Gehirn. Dort liegt eine Instanz, welche auf Helligkeitsmeldungen der Netzhaut dadurch reagiert, daß sie Signale an die Irismuskeln sendet, und zwar an diejenigen *beider* Augen. Die Schaltung in der genannten Instanz ist derart, daß ein Ansteigen der Lichtmenge zur Verkleinerung der Pupille führt, ein Abfallen der Lichtmenge zu ihrer Vergrößerung.

Wie jeder weiß, wird das Sehen sowohl durch zu große Helligkeit als auch durch zu geringe Beleuchtung beeinträchtigt, vor allem, wenn die Helligkeitsänderungen rasch und plötzlich erfolgen. Betritt man beispielsweise ein halbdunkles Zimmer, nachdem man unmittelbar zuvor in blendendem Sonnenschein war, so muß man sich zunächst an die neue Helligkeit „gewöhnen", bevor man deutlich sehen kann. Kehrt man danach ins Sonnenlicht zurück, so wird das Auge zunächst geblendet, ehe es sich innerhalb einiger Sekunden „adaptiert" (angepaßt) hat. Weil plötzliche Helligkeitssprünge also für den Sehvorgang nachteilig sind, ist es sinnvoll, wenn sie durch eine Reaktion des Körpers so weit als möglich abgeschwächt werden. Hierzu dienen die Pupillenmuskeln: Durch die Verkleinerung der Pupille verringern sie den Lichtfluß ins Auge hinein, nehmen also einen Teil des erfolgten Helligkeitsanstieges wieder fort. Ebenso wird durch die Vergrößerung der Pupille bei abnehmender Helligkeit ein Teil der Helligkeitsabnahme wieder wettgemacht, weil nun mehr Licht ins Auge eintritt. Ohne diese Pupillenreaktion wären die beschriebenen Störungen des Sehens durch Helligkeitswechsel viel stärker und würden schon bei geringeren Helligkeitsänderungen auftreten, als es ohnedies der Fall ist.

Welche Aufgabe ist der verantwortlichen Instanz im Gehirn gestellt? Die Meldung einer Abweichung des Lichts vom vorherigen Zustand muß eine Reaktion auslösen, welche der wahrgenommenen Abweichung *entgegenwirkt*, d. h. die Abweichung verkleinert. Einen ähnlichen funktionellen Zusammenhang werden auch die folgenden Versuche demonstrieren.

C2. Regelung des Blutumlaufs durch die Herztätigkeit

In diesem Versuch haben die Teilnehmer die Aufgabe, die Pulsfrequenz und damit die Herzschlagfrequenz der Vp. zu bestimmen. Hierzu werden Zeige-, Mittel-, und Ringfinger der Hand leicht auf die „Pulsader" der Vp. gelegt. Diese findet sich am Unterarm dicht unter dem Handgelenk; dort sind die kräftigen Sehnen leicht zu ertasten, die zu den Fingern führen, und ebenso der daumenseits gelegene Gelenkhöcker am Ende des Unterarmknochens. Zwischen beiden findet man die Pulsader.

Die Pulsschläge pro halbe Minute oder pro Minute werden gezählt, *(a)* während die Vp. liegt, *(b)* während sie sitzt, *(c)* während sie steht, *(d)* nach einer körperlichen Anstrengung, am besten nach schnellem Treppenlaufen. Bei letzterem Versuch wird in Minutenabstand registriert. wie sich die Herzfrequenz nach ihrem gewaltigen Anstieg allmählich wieder auf ihren Normalwert einspielt. Dies wird in einer Kurve auf Millimeterpapier festgehalten. Die Messung soll nicht sofort abgebrochen werden, nachdem die Normalfrequenz erreicht ist; bei manchen Vp. ist ein „Überschießen" der Frequenz zu geringeren Frequenzen als der Normalfrequenz zu beobachten, bevor diese endgültig erreicht wird.

Deutung. Die Blutgefäße, welche die Muskeln mit Blut versorgen, lassen verschieden viel Blut durch sich hindurchfließen, je nachdem ob der Muskel in Ruhe ist oder Arbeit leistet. In ersterem Fall braucht der Muskel nur so viel Blutzucker, wie sein Erhaltungs- oder Ruhestoffwechsel benötigt; mehr Blut ist aber notwendig, wenn der „Betriebsstoffwechsel" ansteigt. Dann erweitern sich die Blutgefäße des Muskels, so daß ein Vielfaches an Blut durch ihn hindurchfließt. Der Muskel entnimmt dem Blut Blutzucker, gewinnt aus diesem die mechanische Energie zur Kontraktion und gibt die Substanz des Zuckers in Form von Milchsäure wieder ans Blut ab. – Wenn nun bei einer Anstrengung viele Muskeln des Körpers aus der Ruhe in Tätigkeit treten, so ist sofort mehr Blut als zuvor für den Kreislauf notwendig. Dieses fließt aus den „Blutspeichern" in den Kreislauf hinein; als „Blutspeicher" dienen Blutgefäße mancher inneren Organe, z. B. der Lunge, sowie der Unterhaut.

Um die vermehrte Blutmenge durch den Körper zu treiben, ist mehr Energie notwendig als in der Ruhe. Hierzu verstärkt das Herz seine Tätigkeit: Es fördert mehr Blut pro Herzschlag und verringert die Zeitabstände zwischen den einzelnen Herzschlägen. Die zweite dieser beiden Reaktionen ist es, die wir durch Messung der Pulsfrequenz verfolgen können.

Durch den Auftrag an die Vp., zu liegen, zu sitzen, zu stehen oder sich körperlich anzustrengen, war somit die Anzahl der tätigen Muskeln und dadurch die Blutmenge verändert, die zu deren Versorgung notwendig war. Die Blutmenge bedurfte ihrerseits wieder verschieden starker Herztätigkeit, um durch den Körper bewegt zu werden. Die Herztätigkeit paßte sich der jeweiligen Notwendigkeit an. Sie vermehrte sich bei hohem und verminderte sich bei geringem Bedarf. Dies geschah nicht immer schlagartig, sondern – vor allem nach Abschluß der körperlichen Anstrengung – nur allmählich.

Auch in diesem Versuch werden somit Abweichungen von einem Normalzustand durch Gegenaktionen beantwortet. Die Abweichungen beruhen auf erhöhtem Bedarf an Blutzucker und damit an Blut; die Gegenaktion ist – neben der Ausschüttung von Reserveblut in den Kreislauf – die verstärkte Herztätigkeit.

C3. Regelung der Atmung

Der Blutumlauf wird durch eine rhythmische Aktion aufrechterhalten, den Herzschlag. Das gleiche gilt für die Versorgung des Körpers mit Sauerstoff und für die Entfernung des entstehenden Kohlendioxyds

(CO_2). Der Wechsel zwischen Ein- und Ausatmen ist hierfür verantwortlich. Während wir den Herzschlag gar nicht mit unserem Willen beeinflussen können, ist dies bei der Atmung möglich, allerdings nur im begrenzten Umfang: Wenn wir den Atem anhalten – z. B. beim Tauchen –, verhindern wir, daß das dauernd im Gewebe entstehende und ins Blut übertretende CO_2 (Kohlendioxyd) in der Lunge das Blut verläßt und ausgeatmet wird. Dies führt zu einem immer heftigeren Drang zum Atmen, wobei wir nicht sagen können, an welcher Stelle unseres Körpers er eigentlich lokalisiert ist; aber er ist höchst real. Schließlich überwindet er den stärksten Gegenwillen, und wir atmen. Diesem Prozeß, der wohl jedem Menschen aus eigenem Erleben vertraut ist, liegt folgendes körperliche Geschehen zugrunde:

Das nicht ausgeatmete Kohlendioxyd kreist weiter im Blut, und seine Konzentration nimmt zu. Bestimmte für die CO_2-Konzentration empfindliche Sinnesendigungen in den Wänden von Arterien *[81,1]* und im Stammhirn registrieren diese Anhäufung. Sie beeinflussen das Atemzentrum, was zu immer stärkerer Atemanregung führt. Dies empfinden wir als Drang zum Atmen. Wenn wir schließlich atmen, so geschieht im einzelnen folgendes: Das Atemzentrum veranlaßt durch efferente nervöse Signale bestimmte Muskeln, die Zwischenrippen- und Zwerchfellmuskeln, zu geordneter rhythmischer Tätigkeit. Dank der Anordnung dieser Muskeln erweitert und verengt sich durch ihre Aktion der Brustkorb, so daß Luft eingesaugt und wieder ausgestoßen wird. Diese liefert frischen Sauerstoff und nimmt CO_2 aus dem Blut auf und entführt es ins Freie. Damit normalisiert sich der CO_2-Gehalt des Blutes wieder.

Im unüberwindlichen Drang zum Atmen erleben wir also eine Reaktion des Körpers, die wie in den vorangegangenen Beobachtungen Abweichungen von einem Normalzustand rückgängig macht: Mangelnde Versorgung mit Sauerstoff und Anhäufung von CO_2 im Blut werden durch verstärkte Atmung wieder kompensiert.

C4. Regelung der Körpertemperatur bei Warmblütern

Wird der Körper eines Warmblüters (Vögel, Säugetiere) einer zu kalten oder zu warmen Außentemperatur ausgesetzt, so reagiert er darauf in vielfältiger Weise. Diese Reaktionen geschehen beim Menschen ohne dessen bewußtes Zutun, sind also wie die meisten besprochenen Reaktionen „selbsttätig“ oder „automatisch“.

Reaktionen auf Wärme. Viele Vögel und Säugetiere *hecheln* bei Hitze, d. h. sie machen schnelle, flache Atemzüge; dabei läßt der Hund die Zunge heraushängen, die dauernd von dünnflüssigem Speichel befeuchtet wird. Beim Pferd, beim Menschen u. a. wird an der ganzen Hautoberfläche ein dünnflüssiger Schweiß ausgeschieden. Durch Hecheln und Schwitzen wird dem Körper einer der wenigen physikalischen Prozesse dienstbar gemacht, die freiwillig vonstatten gehen und die Temperatur erniedrigen: Die Verdunstung von Flüssigkeit. Der Luftstrom beim Hecheln fördert die Verdunstung dadurch, daß er die bereits feuchte Luft, in welche hinein weniger H_2O verdunsten würde, schnell wegführt und durch trockene ersetzt. Alle Verdunstungsflächen werden von innen her stark durchblutet. Dadurch wird das Blut abgekühlt und die Kühlwirkung von ihm ins Körperinnere getragen. Die Durchfeuchtung der Haut begünstigt auch die Wärmeleitung zwischen Blut und Hautoberfläche; trockene Haut leitet viel schlechter. Bei vielen Säugetieren werden die Haare so weit aufgestellt – stärker als bei Kälte –, daß die Luft dazwischen nicht mehr festgehalten wird, sondern der Wind frei bis zur Haut streichen kann; diese wird dabei stark durchblutet, so daß viel Wärme an die Luft übergeht.

Reaktionen auf Kälte. Eine Reaktion von Vögeln und Säugetieren auf Kälte besteht darin, daß die Federn bzw. Haare aufgestellt werden, und zwar so weit, daß sie einen wärmeisolierenden Luftmantel festhalten. Den gleichen Effekt hat für den Menschen warme Kleidung. – Eine andere Reaktion ist das Körperzittern. Es ist nicht nur Ausdruck des Frierens, sondern auch ein Erwärmungsmittel. Es entsteht durch unwillkürliche Muskelkontraktionen, bei welchen jeweils die Antagonisten (also Beuger und Strecker) gleichzeitig angespannt werden, so daß – außer dem leichten Zittern – keine mechanischen Bewegungen erfolgen. (In ähnlicher Weise spannen wir Beuger und Strecker gleichzeitig an, wenn wir bei halb gebeugtem Arm den Bizeps anspannen; mit der anderen Hand können wir leicht ertasten, daß wir den gegenüberliegenden Armstrecker dabei unbewußt ebenfalls anspannen; dies verhindert ein weiteres Armbeugen im Ellbogengelenk.) Weil somit bei der Kälte-Anspannung der Muskeln keine mechanische Energie nach außen abgegeben wird, geht alle zur Kontraktion aufgewandte Energie unmittelbar in Wärme über. – Auch die Leber ist an der Wärmeproduktion beteiligt; schon im Normalfall ist das Blut, das aus ihr herausströmt, um etwa 1° wärmer als das hineinströmende.

Sowohl bei der Abkühlung wie bei der Erwärmung des Körpers unterstützen einander also ganz verschiedenartige Organe (z. B. beim Hecheln des Hundes Atemmuskulatur, Speicheldrüsen und Blutgefäße der Zunge) mit unterschiedlichen Funktionen. Im ZNS befindet sich eine Steuerinstanz, die eine solche Schaltung besitzt, daß sie auf die Meldung von Sinnesorganen „zu heiß“ oder „zu kalt“ die beschriebenen Organtätigkeiten durch efferente Signale in Gang setzt. – Das System als Ganzes schützt das Blut vor von außen erzwungenen Temperaturänderungen. So wird – auch bei verschiedenen Außentemperaturen – stets etwa die gleiche Innentemperatur des Körpers aufrechterhalten.

Temperaturregulierung im Bienenstaat. Die Bienen halten im Inneren ihres Stockes im Sommer und Winter eine Temperatur von 35 bis 36°C aufrecht. Bei zu großer Wärme tragen die Arbeiterinnen reines Wasser ein, fächeln Luft durch den Stock und erzeugen so Verdunstungskälte. Wärme erzeugen sie durch Flügelschwirren, wobei wiederum nicht die Bewegung (das Flügelzittern), sondern die Anspannung der Flugmuskeln ohne entsprechende mechanische Aktion den eigentlichen Wärmespender darstellt (Lindauer in Mittelstaedt 1956).

C5. Allgemeines Prinzip der Regelung

Bei der Pupillen-Reaktion, der Herzschlagfrequenz, der Atmung und der Temperaturregelung reagiert der Organismus auf ändernde Einflüsse derart, daß deren Auswirkungen durch Gegenaktionen vermindert oder aufgehoben werden: Helligkeitsanstiege lösen Pupillenverkleinerung und damit für das Auge Belichtungsabnahme aus; die Vermehrung des kreisenden Blutes, welches durch gleichbleibenden Herzschlag langsamer befördert werden würde, führt zur Beschleunigung der Herzschlagfrequenz; die Vermehrung des CO_2 im Blut durch das willkürliche Anhalten des Atems veranlaßt den Körper zu verstärkter und schließlich übermächtiger Atemanregung, welche den CO_2-Gehalt wieder normalisiert; und die äußere Erwärmung oder Abkühlung des Körpers löst Gegenaktionen wie das Hecheln oder das Kältezittern aus. Überall arbeitet der Körper den ändernden Außeneinflüssen entgegen und kompensiert deren Auswirkungen zum Teil oder vollständig.

Nun erhebt sich die Frage: Was für Funktionsglieder müssen dem Organismus zur Verfügung stehen, damit ändernde Einflüsse selbsttätig Gegenaktionen zur Folge haben? Die Antwort läßt sich aus allen beschriebenen Beispielen herleiten; hier sei die Atemregulierung gewählt: *1.* Es muß ein *Sinnesorgan* zur Verfügung stehen, welches die Auswirkung des ändernden Einflusses registriert und in Form von Signalen an das ZNS meldet; ohne daß z. B. irgendeine Stelle im Blutkreislauf für die CO_2-Konzentration empfindlich wäre und deren Veränderungen an die verantwortlichen nervösen Instanzen herantrüge, wäre eine Atemregulierung nicht denkbar. *2.* Es muß ein *Ausführungsorgan*, ein „Effektor" vorhanden sein, der durch seine unmittelbare Wirkung dem ändernden Einfluß entgegentreten und ihn kompensieren kann. Im Fall der Atmung sind diese Ausführungsorgane diejenigen Muskeln, welche den Brustkorb bewegen und das Ein- und Ausatmen besorgen. *3.* Das Sinnes- und das Ausführungsorgan müssen durch eine *signalübertragende Leitung* miteinander verbunden sein; denn nur unter dieser Bedingung kann der Effektor gerade immer dann mit seiner Reaktion einsetzen, wenn eine Abweichung vorliegt. Im behandelten Beispiel kann die Kompensation der CO_2-Übersättigung durch die Atemanregung nur dann sinngemäß funktionieren, wenn es die Abweichungsmeldungen der Sinnesorgane sind, welche die Ausführungsorgane durch Signale steuern. *4.* Entscheidend ist dabei aber folgendes: Das Sinnesorgan ist der Sender, das kompensierende Ausführungsorgan der Empfänger der Signale. Sender und Empfänger müssen derart aufeinander abgestimmt sein, daß jede vom Sender gemeldete Abweichung gerade die *Gegen*aktion gegen die Abweichung auslöst. So darf – im Beispiel der Temperatur-Regulierung – eine Abkühlung nicht etwa Hecheln oder Schweißausbruch, also abkühlende Mechanismen, auslösen, sondern sie muß erwärmende Funktionen in Gang setzen. „Zu warm" muß also aktive Abkühlung, „zu kalt" muß aktive Erwärmung nach sich ziehen. Da also – formal gesehen – jede Abweichung Vorgänge zur Folge haben muß, die sie in der *Gegenrichtung* beeinflussen, spricht man von *negativer Rückwirkung* (negativer Rückkoppelung). Der englische Fachausdruck hierfür, der auch im Deutschen gelegentlich verwendet wird, ist *negatives „feed back"*.

Wie sieht nun das System als Ganzes aus, wenn man es aus den eben geforderten Anteilen zusammensetzt? Es sei – in der Form eines Blockschaltbilds – zunächst für das Beispiel der Temperaturregulierung aufgezeichnet *[42,1]*.

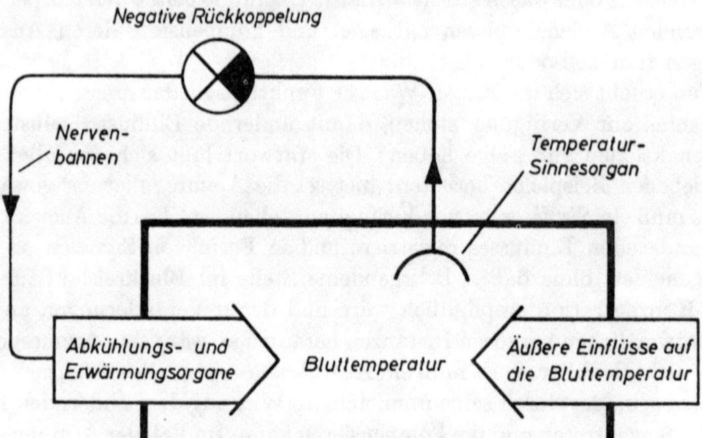

42,1. Schema (Blockschaltbild) der Temperatur-Regelung bei warmblütigen Tieren und beim Menschen.

Die hier gewählte Darstellungsweise weicht von derjenigen ab, die für technische Regelkreise üblich ist. Das geschieht aus folgenden Gründen: Die Darstellung soll übersichtlich bleiben, gleichzeitig aber so viele Einzelheiten wiedergeben wie möglich. Unmittelbare Wirkungen, also solche, die nicht durch Signale vermittelt werden, sollen bildlich von Signalverbindungen unterschieden sein. Sie sind durch unmittelbaren Kontakt zwischen den Symbolen der zuständigen Instanzen symbolisiert – siehe z. B. die beiden großen Pfeile, welche Wärmezugabe bzw. Wärmeentzug symbolisieren. Signalübertragungen sind durch einfache Linien („Leitungen") dargestellt. Das Kennzeichen der „Negativität" der Rückkoppelung, d. h. der Tatsache der *Gegen*wirkung gegen registrierte Abweichungen, formal also ein „Vorzeichenwechsel" von plus zu minus oder von minus zu plus, ist durch das in die Leitung eingefügte Kreissymbol versinnbildlicht, welches an seinem Ein- und Ausgang verschieden – schwarz bzw. weiß – getönt ist. Die gewählte Richtung der Signalleitung – vom Sinnesorgan an zunächst aufwärts, dann aber nach links und entgegen dem Uhrzeigersinn zurück zum Ausführungsorgan – soll zweierlei wiedergeben: Erstens, daß die Meldungen der Sinnesorgane im Organismus zunächst zu funktionell übergeordneten „höheren" Instanzen (ZNS) geleitet werden, und zweitens, daß es sich um *Rück*wirkungen und *Gegen*reaktionen handelt. (Als Richtung eines *voran*schreitenden Geschehens empfindet man im Abendland ja die Schreibrichtung von links nach rechts und die den Zeitablauf symbolisierende Laufrichtung des Uhrzeigers; darum sind in der Darstellung des Regelkreises die Gegenrichtungen dazu gewählt.) Daß die beiden Pfeile, welche die unmittelbaren Einflüsse auf die Bluttemperatur darstellen, gegeneinander gerichtet sind, stellt schließlich dar, daß diese beiden Einflüsse einander additiv überlagern (Gegensatz: Multiplikativer Einfluß des Stellglieds auf die Regelgröße und die Störgröße wie beim Pupillenregelkreis).

Nachdem das Blockschaltbild *[42,1]* für ein spezielles Beispiel abgeleitet ist, läßt sich erkennen, daß es auch für die anderen beschriebenen Beispiele gilt, ebenso aber auch für verwandte *technische* Schaltungen. Am bekanntesten ist hier der Kühlschrank, eine Sonderform des *Thermostaten*, d. h. eines die Temperatur konstant haltenden Systems: Im Kühlschrank schaltet sich der Motor des Kühlaggregats ein, wenn die Innentemperatur ansteigt. Ist die Temperatur daraufhin unter den „Sollwert" gesunken, so schaltet er sich wieder aus. Verantwortlich für den Schaltvorgang ist eine technische Meßeinrichtung, ein Kontakt-Thermometer *[44,1]:* Die Quecksilbersäule, die uns normalerweise nur visuell die Temperatur anzeigt, berührt hier bei ihrer Verlängerung einen ihr von oben her entgegenragenden Metalldraht. Dadurch wird ein Kontakt geschlossen; ein Strom fließt durch den Draht und die Quecksilbersäule und bedient durch ein Relais den Motorschalter des Kühlaggregats. Die Tätigkeit des Kühlaggregats bewirkt, daß die Innentemperatur im Kühlschrank wieder fällt. Daraufhin verkürzt sich die Quecksilbersäule wieder. Bei einer bestimmten Temperatur – nämlich derjenigen, bis zu deren Teilstrich auf der Skala der Metalldraht reicht – öffnet dies den Kontakt zwischen ihr und dem Draht wieder; der Stromkreis wird unterbrochen, das Relais schaltet den Motor aus, und das Kühlaggregat hört auf zu arbeiten. Sollte sich die Innentemperatur im Kühlschrank danach wieder erhöhen, so kann sich das Spiel, im Prinzip beliebig oft, wiederholen. – Der Effekt des Ganzen ist die ungefähre Konstanthaltung der Innentemperatur, und zwar wiederum durch *Gegenaktionen* gegen Temperaturänderungen (genau genommen nur gegen Erhöhungen der Temperatur,

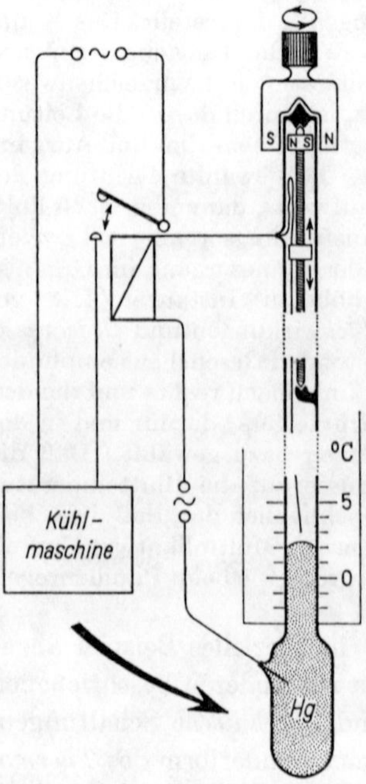

44,1. Funktionsschema eines Kühlschranks mit einem Quecksilber-Kontakt-Thermometer; (in den heutigen handelsüblichen Kühlschränken befinden sich Kontakt-Thermometer anderer Bauart). Zusätzliche Erläuterungen: Das Rechteck mit eingezeichneter Diagonale (links oberhalb der Mitte der Zeichnung) symbolisiert eine Spule mit Eisenkern als Bestandteil eines Relais; bei Stromfluß durch die Spule wird der Eisenkern magnetisch und zieht das darübergezeichnete Kontaktstück an, welches nach unten klappt und den zweiten Stromkreis schließt. – Der große Pfeil von links nach rechts unten deutet an, daß die Tätigkeit des Kühlaggregats die Innentemperatur des Kühlschranks senkt und dadurch indirekt auf das Thermometer einwirkt. – Da das Thermometer viel länger ist als hier gezeichnet werden konnte, ist es auf der Zeichnung zweimal unterbrochen als Hinweis darauf, daß hier je ein langes Stück ausgelassen wurde. – Die mit einem Schraubengewinde versehene Spindel im oberen Teil des Thermometers ist oben und unten drehbar gelagert. Sie ist oben mit einem kleinen Magneten („N–S") *fest verbunden.* Mit Hilfe des außen angesetzten *Hufeisenmagneten* können der kleine Magnet und mit ihm die Spindel innerhalb des Thermometerrohrs gedreht werden, ohne daß dieses deswegen hätte offen gelassen werden müssen; so kann das für die Thermometeraktion wichtige Vakuum im Rohr erhalten bleiben. Das *Haltestück* für den nach unten ragenden starren Kontaktdraht ist so angeordnet, daß es sich nicht mit der Spindel mitdrehen kann; es sitzt wie eine Mutter mit einem Gewinde an der Spindel fest. Daher wird es durch Drehung der Spindel – je nach Drehsinn – in den Pfeilrichtungen nach oben oder nach unten bewegt. Hierdurch ändert sich die Temperatur, bei welcher der Kontaktdraht seine Verbindung mit dem Quecksilber bei Abkühlung verliert bzw. bei Erwärmung wiedergewinnt. Man ändert also durch Drehen der Rändelschraube oben am Hufeisenmagneten den *Sollwert des Regelsystems des Kühlschranks.*

weil zu starke Abkühlung, gegen die eine Heizung eingesetzt werden müßte, aus naheliegenden Gründen nicht notwendig ist). Es ist ein leichtes, auch das Prinzip des technischen Thermostaten bzw. Kühlschranks in das Schema *[42,1]* einzufügen. Man braucht nur an die Stelle der Bluttemperatur die Innentemperatur des Kühlschranks, an die des Temperatursinnesorgans das Kontaktthermometer und an die der Abkühlungs- und Erwärmungsorgane das Kühlaggregat einzusetzen.

Die vorangegangene Überlegung hat eine durchgreifende funktionelle Verwandtschaft zwischen ganz verschiedenartigen Systemen aufgezeigt; diese manifestierte sich darin, daß sich die unterschiedlichen Mechanismen ohne Zwang in ein und dasselbe Funktionsschema einfügen ließen obwohl dieses doch durchaus spezielle Forderungen stellt. Es ist nun eine der grundlegenden Programme der Wissenschaftsrichtung der Kybernetik, sich nicht mit einem derartigen Aufweisen von funktionellen Verwandtschaften und Analogien zu begnügen – Analogien sind immer angreifbar! –, sondern neutrale Begriffe zu verwenden und, falls nötig, neu zu schaffen, die das funktionelle Gemeinsame bezeichnen. Diese Begriffe sollen nicht durch spezielle Eigenschaften einzelner Systeme gefärbt und dadurch in ihrer Anwendung eingeengt sein, also nicht nur auf biologische oder nur auf technische Beispiele passen. Durch die in diesem Sinne „abstrakten", d. h. von Einzelheiten abstrahierten und infolgedessen *allgemeingültigen* Begriffe soll eine gemeinsame geistige Plattform geschaffen werden, auf der sich Biologen, Techniker und andere Fachleute ohne die Gefahr des Mißverstehens verständigen können. Im Fall der Regelprozesse sind diese Begriffe zuerst im Bereich der Technik entstanden und danach auch von der Biologie übernommen worden.

Diese Begriffe werden nun in ein allgemeines, abstraktes Schaltbild *[45,1]* eingefügt.

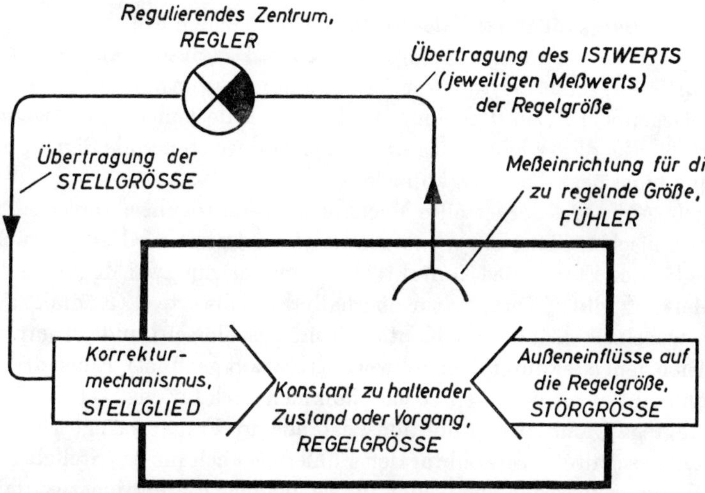

45,1. Allgemeines Wirkungsgefüge eines Regelmechanismus. Die in großen Buchstaben geschriebenen Wörter sind die genormten Fachausdrücke der Regelungstechnik.

Derjenige Vorgang oder Zustand, dessen Änderung von Korrekturreaktionen beantwortet wird und der dadurch mehr oder weniger konstant gehalten wird, wird als *Regelgröße* bezeichnet.

(Dieser Ausdruck ist nicht gut gewählt, weil „Größe" sonst meist für Meßwerte und nicht für „Zustände oder Vorgänge" verwandt wird, und weil das Wort aktiven Charakter hat und nicht andeutet, daß die Regelgröße nicht selbst etwas regelt, sondern der Regelung *unterworfen*, also eine „geregelte"

Größe ist. Um das Sprachgefühl zu bilden, halte ich es für gut, den erklärenden Ausdruck „geregelte Größe" häufig neben dem genormten Ausdruck „Regelgröße" zu verwenden.)

Der *Sollwert* des Systems ist derjenige Zustand, in welchem keine Korrektur-Reaktionen ausgelöst werden. Damit ist gleichzeitig gesagt, daß die aktiven Korrekturreaktionen des Systems auf die Erreichung und Erhaltung des Sollwerts hinzielen. – Nicht nur für den Sollwert ist jedoch ein Ausdruck notwendig, sondern auch für den (möglicherweise gerade vom Sollwert abweichenden) *jeweiligen* Wert der Regelgröße. Dieser wird *Istwert* genannt. Weicht der Istwert eines Regelsystems von seinem Sollwert ab, so liegt eine *Regelabweichung* vor, und durch sie werden Korrekturreaktionen ausgelöst.

Die Meßeinrichtung für den Zustand der zu regelnden Größe wurde von den Technikern *Fühler* getauft. Das Ausführungsorgan, welches auf letztlich vom Fühler stammende Signale antwortet und die Regelgröße unmittelbar beeinflußt, erhielt den Namen *Stellglied.*

Schließlich bedarf es noch eines Ausdrucks in der Regler-Fachsprache für die von der „Außenwelt" des Systems stammenden Einwirkungen auf die Regelgröße; sie werden *Störgröße* genannt. Das System als Ganzes ist ein *Regelkreis*, seine Leistung die *(selbsttätige) Regelung*.

Als Gegenbegriff zur Regelung wird vielfach derjenige der *Steuerung* aufgefaßt. Bei dieser handelt es sich um einsinnige steuernde Signalübertragung ohne negative Rückkoppelung.

Der in Abb. *44,1* dargestellte Mechanismus eines Kühlschranks ist im regeltechnischen Sinne ein „*Zweipunktregler*". Damit wird ausgedrückt, daß es für den Fühler (das Kontakt-Thermometer) nur zwei Möglichkeiten der Meldung gibt: „Temperatur oberhalb des Sollwertes" (Kontakt zwischen Quecksilbersäule und Kontaktdraht geschlossen) und „Temperatur gleich dem oder unter dem Sollwert" (Kontakt geöffnet). Einen dritten Zustand gibt es nicht. Entsprechend kommen auch für das Stellglied, das Kühlaggregat, nur zwei Funktionszustände in Frage: „Angeschaltet" und „Abgeschaltet". Sowohl für den Fühler als auch für das Stellglied ist der Übergang zwischen den beiden für sie möglichen Funktionszuständen sprunghaft, also unstetig. Zweipunktregler sind „*unstetige Regler*".

Die meisten Regelmechanismen aber sind *stetige Regler*. Bei ihnen signalisiert der Fühler nicht nur, ob der Istwert der Regelgröße höher oder niedriger als ein fest eingestellter Sollwert ist, sondern er übermittelt dem Stellglied durch seine Signale auch den *Betrag* des Istwerts bzw. eventueller Regelabweichungen. Das Stellglied seinerseits ist nicht nur ein- oder ausgeschaltet, sondern die Intensität seiner Tätigkeit richtet sich nach dem Betrag der gemeldeten Regelabweichung: Größere Regelabweichungen veranlassen das Stellglied zu intensiverer, geringere zu weniger intensiver Tätigkeit. Das Verhalten stetiger Regler bei Regelabweichungen wird in *C7* behandelt.

Abschließend wollen wir die Fachsprache der Regelungslehre auf die in *C1* bis *C4* besprochenen Beispiele anwenden. Aufeinanderfolgend seien sieben Bestimmungsstücke angegeben: Regelgröße – Fühler – Signalübertragung – Stellglied – Tätigkeit des Stellglieds bei Regelabweichungen – eventuelle Störgrößen – Sollwert. Hiernach lassen sich die betreffenden Merkmale dann auch ins Schaltbild *[45,1]* eintragen.

C1. Beleuchtungsstärke der Netzhaut – Lichtsinneszellen der Netzhaut – Sehnerv/Gehirn/efferente Bahnen in den Nerven zur Regenbogenhaut – Muskelanteil der Regenbogenhaut – Änderung der Pupillengröße – schnelle Beleuchtungsänderungen – dem Adaptationszustand *(E2)* entsprechende Beleuchtung der Netzhaut.

C2. Blutumlauf durch den Körper – Nervenendigungen in Gefäßwänden sensibel für Blutdruck, CO_2-Gehalt des Blutes u. a. *[81,1]* – afferente Nerven/Gehirn/zum Herzen führende Nerven – Schrittmacher des Herzens und Herzmuskel – Änderungen der Herzschlagfrequenz – Änderung des Blutbedarfs von Muskeln bei einsetzender körperlicher Anstrengung, beim Überhitzen oder Abkühlen des Körpers u. ä. – hinreichende Durchblutung des Körpers.

C3. Kohlendioxyd-Gehalt des Blutes – Nervenendigungen in Gefäßwänden sensibel für die CO_2-Konzentration *[81,1]* – afferente Nervenbahnen/Gehirn/efferente Bahnen – Muskeln des Brustkorbs, Zwerchfell – Änderung der Atemfrequenz und Atemtiefe – höherer Sauerstoffbedarf bei Anstrengungen, verbrauchte Luft zum Atmen - 450 bis 550 ccm CO_2 pro Liter im arteriellen Blut.

C4. Bluttemperatur im Körperinnern – vermutlich Temperatursinneszellen im Gehirn (Stammhirn) – efferente Nervenbahnen – Schweißdrüsen, Blutgefäße der Haut usw. beim Kühlen, Skelettmuskeln beim „Heizen" – Schweißausbruch, Hecheln bzw. Muskelanspannung („Kältezittern") – Überhitzen bzw. Abkühlen des Körpers – etwa 37°C, mit dem Tageslauf schwankend.

C6. Die Führungsgröße

Wie unter *C4* beschrieben, hält der warmblütige Organismus auch bei wechselnden Außentemperaturen bestimmte Körpertemperaturen aufrecht, der des Menschen zum Beispiel rund 37°C. Entstehen durch besondere Einwirkungen, beispielsweise durch schwere Muskelarbeit bei hoher Außenwärme, höhere Bluttemperaturen, wie etwa 38°C – dies kommt durchaus vor! –, so treten die Abkühlungsmechanismen in Aktion (Hautdurchblutung, Schweißbildung). Im entgegengesetzten Fall erwärmt sich der Körper aktiv, z. B. durch die unwillkürlichen Muskelkontraktionen, die wir als Kältezittern registrieren. – In bestimmten Krankheitssituationen dagegen kommt der Körper in die Disposition des *Fiebers.* Dann wird eine andere Temperatur, zum Beispiel 39° C, aufrechterhalten. In dieser Disposition setzt die Bluttemperatur von 38° C Erwärmungsmechanismen, beispielsweise Kältezittern der Muskeln, in Gang, und zwar so lange, bis der Fiebersollwert von 39° C wieder erreicht ist. Die folgende Tabelle zeigt schematisch die Richtungen der Korrekturreaktionen auf verschiedene Bluttemperaturen bei einem Gesunden und einem für 39° C Bluttemperatur disponierten Fieberkranken.

	36°	37°	38°	39°	40°	41° C
Gesund	→	0	←	←	←	←
Fiebernd	→	→	→	0	←	←

Besonders auffällig ist an diesem Beispiel, daß im Bereich von 38° C eine und dieselbe Temperatur in den verschiedenen physiologischen Zuständen Korrekturreaktionen verschiedenen Vorzeichens hervorruft.

Man könnte zunächst daran denken, daß verschiedene Regulationsmechanismen bereitliegen, von denen jeder seine bestimmten Konstanten hat; jeder physiologische Zustand, jede Fieberdisposition aktivierte dann einen von ihnen, während die anderen in Reserve blieben. Diese Vorstellung verlangte also eine größere Anzahl von Hilfsstrukturen, die für Notfälle bereitliegen würden. Ein einziger Regelkreis aber leistet das gleiche, wenn die Fieberdisposition im Sinne einer *Sollwertverstellung* wirkt. Sollwertverstellungen erfolgen durch Einfließen einer *Führungsgröße* in die Signalübertragung des Regelkreises *[49,1].* Um dies zu verstehen, muß man sich zunächst folgendes überlegen: Welcher Funktionswert der konstant zu haltenden Größe (Regelgröße) wird durch ein Funktionssystem nach dem Schema der Abb. *45,1* aufrechterhalten? Wie eine einfache Überlegung zeigt, ist es derjenige Wert, bei welchem die Meßeinrichtung (Fühler) dem Korrekturmechanismus (Stellglied) keine Meldung zukommen läßt, die ihn zu einer Korrekturtätigkeit veranlaßt; mit anderen Worten, zum „Sollwert" des Systems wird automatisch der *Nullpunkt der Meßskala des Fühlers,* d. h. der Wert, bei dem der Fühler den Wert „null" meldet. Falls es sich bei Abb. *45,1* um ein System zur Temperaturregelung handelt, also um einen Thermostaten, und falls das Meßgerät bei 37° C keine Meldung abgibt, bei 36° C die Meldung „-1" und bei 38° C die Meldung „$+1$", so hält das System zwangsläufig die Temperatur von 37° C durch Korrekturreaktionen konstant. Es hängt also von der Funktionsweise des *Meßorgans* ab, welche Temperatur konstantgehalten wird, welche also den „Sollwert" des Regelsystems bildet.

Dies ändert sich aber, wenn von außen her Meldungen in die Übertragungsleitung vom Meßorgan zum Korrekturmechanismus hineinfließen *[49,1]*. Wird z. B. ein Funktionswert, dessen Größe einer Meldung des Meßorgans von „—1" entspräche, von außen her als *Führungsgröße* zur Meldung des Meßorgans hinzugefügt, so wird der Regelmechanismus jetzt nicht mehr bei 37°C, sondern bei 36°C zur Ruhe kommen und diesen Wert gegen Abweichungen durch Kompensationsreaktionen sichern;

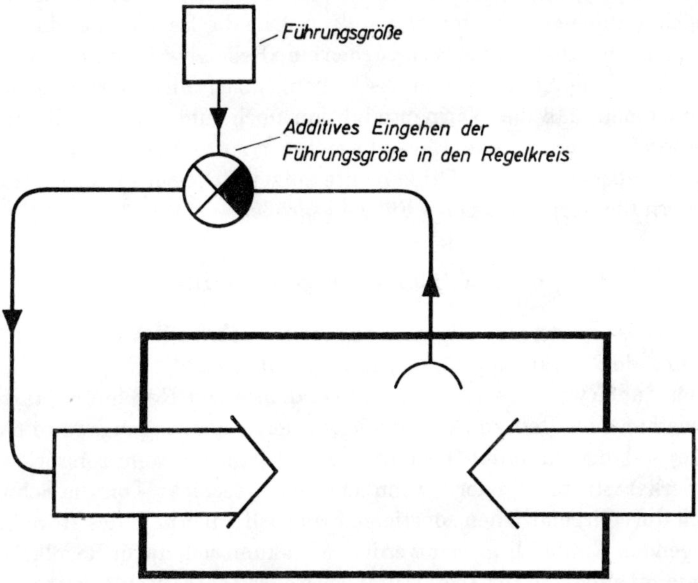

49,1. Regelkreis mit Führungsgröße.

denn nun erhält das Stellglied bei 36°C das Kommando „null", weil sich gerade dann die Meldung des Fühlers „—1" (welche mit umgekehrten Vorzeichen, also als +1 in die Stellgröße eingeht) mit der Führungsgröße „—1" zu null kompensiert. Wenn die von außen einfließenden Meldungen dem Wert „+2" entsprechen, so wird der Sollwert des Systems automatisch zu 39°C. Daraus ergibt sich: Wenn die Übersetzungsfunktion des Sinnesorgans festliegt, bestimmen Meldungen, die von außen in die Bahn zwischen Meßorgan und Effektor einfließen, welcher Wert selbsttätig konstantgehalten wird; dies ist der Sachverhalt, dessentwegen man den von außen in den Regelkreis einfließenden Wert *Führungsgröße* nennt.

Wir brauchen uns hiernach also nicht mehr vorzustellen, das Fieber setze die normale Temperaturregelung außer Kraft und setze dafür eine andere ein, die sonst in Reserve liegt; sondern wir können jetzt annehmen, daß stets ein und derselbe Regelmechanismus in Kraft ist, daß sich beim Fieber dafür aber die Führungsgröße und damit der Sollwert des Systems ändert. Wenn ein Kranker 39°C Fieber hat, so bedeutet das, daß das ZNS die Führungsgröße „+2" in den Temperatur-Regelmechanismus einfließen läßt. – Jetzt können wir auch verstehen, warum zwei so grundverschiedene Mittel, wie einerseits kalte Umschläge (z. B. Beinwickel), andererseits aber aufs ZNS wirkende Medikamente den gleichen Effekt haben können, das Fieber zu senken: Die kalten Umschläge sind im regelkundlichen Sinn eine *Störgröße*, welche die Regelgröße (die Bluttemperatur) herabsetzt. Sie verursachen eine Regelabweichung, ohne aber in das eigentliche Steuersystem des Fiebers einzugreifen. Wir können sogar annehmen, daß die Wärmeproduktion noch zunimmt, um die durch die Störgröße verursachte Regelabweichung zu kompensieren. Die erwähnten fiebersenkenden Medikamente setzen dagegen im ZNS an und verändern die dort lokalisierte Führungsgröße.

C7. Instabilität von Regelvorgängen

Regelkreise haben eine Eigenschaft, die man ihnen bei der bloßen Betrachtung des Wirkungsgefüges *[45,1]* nicht ansieht: Unter bestimmten Umständen werden sie instabil und veranlassen die Regelgröße, anstatt sie konstant zu halten, zu Schwingungen, deren Schwingungsweite (Amplitude) so lange zunimmt, bis entweder das ganze System zerstört wird („Reglerkatastrophe") oder – wenn dies nicht geschieht – bis die Schwingungen durch irgend einen sonstigen, eventuell außerhalb des Regelkreises liegenden Einfluß begrenzt werden. Man kann sich die in Regelkreisen liegende Möglichkeit zur Instabilität entweder theoretisch (durch Rechnung und Zeichnung) oder durch Modellversuche klarmachen.

7a. Theoretische Herleitung. Zu dieser brauchen wir zwei noch nicht besprochene Begriffe der Regelungstechnik, zunächst den der *Totzeit* und später den der *Verstärkung*. Die *Totzeit* ist das Zeitintervall, das nach einer Änderung der Regelgröße verstreicht, bis das Stellglied auf die Änderung zu reagieren beginnt. Die Totzeit besteht also aus den Zeitdauern, (1) welche der Fühler braucht, um Regelgrößen-Änderungen zu registrieren und in Signale umzusetzen, (2) welche dann das Signal braucht, um vom Fühler zum Stellglied zu gelangen, und (3) welche das Stellglied braucht, um auf das Eintreffen einer Änderungsmeldung mit der Ausführung des darin liegenden Befehls zu beginnen.

Wir nehmen nun der Einfachheit halber einen Regelkreis an, der eine Totzeit von 1 sec hat. – Zunächst befinde sich die Regelgröße auf dem Sollwert. Dann aber wirke einen ganz kleinen Bruchteil einer Sekunde lang eine sehr starke Störung auf die Regelgröße ein (*[51,1]* obere Zeile), so daß sie den Istwert −1 annimmt. Nun können wir – durch weitere Störungen nicht unterbrochen – beobachten, wie der Regelkreis die Regelgröße auf ihren alten Wert zurückbringt *[51,1]*.

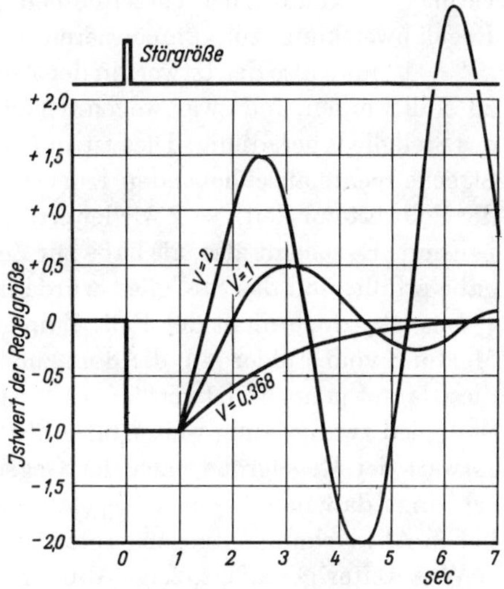

51,1. Verhalten eines Regelkreises mit einer im Regler liegenden *Totzeit* von 1 sec bei drei verschiedenen Verstärkungen (V). Eine kurzdauernde *Störung* erzwingt zur Zeit t = 0 eine Regelabweichung von −1. Nach Ablauf der Totzeit beginnt die Tätigkeit des Stellglieds. Bei einer Verstärkung vom Betrag V = 1 kehrt die Regelgröße in Schwingungen abnehmender Schwingungsweite zum Sollwert (Regelgröße = 0) zurück. Die Verstärkung V = 2 läßt den Regelkreis instabil werden. V = 0,368 stellt den *aperiodischen Grenzfall* und damit den „idealen" Regelkreis dar.
Zum Teil nach KÜPFMÜLLER und POKLEKOWSKI 1956, verändert.

Sobald die Regelabweichung −1 eingetreten ist, registriert der Fühler den neuen Istwert der Regelgröße und sendet die entsprechenden Signale in den Rückkoppelungszweig des Regelkreises hinein. Dort wird das Signal „−1" in das Signal „+1" transformiert. Wegen der Totzeit von 1 sec erhält das Stellglied dieses Signal zum Zeitpunkt $t = 1$ und beginnt erst dann mit seiner Tätigkeit. Während der ganzen ersten Sekunde ist es also noch untätig, und so lange bleibt daher auch die Regelabweichung unverändert (waagerechter Kurventeil auf Abb. *51,1* zwischen $t = 0$ und $t = 1$). Während der ganzen ersten Sekunde sendet darum auch der Fühler ununterbrochen die Meldung „−1" an das Stellglied ab. Die eine Sekunde lang gleichbleibende Meldung „+1" trifft während des Zeitintervalls zwischen $t = 1$ und $t = 2$ am Stellglied ein. Sie veranlaßt das Stellglied während dieser zweiten Sekunde zur Tätigkeit, und zwar wegen des gleichbleibenden Betrags des ankommenden Signals zu einer Tätigkeit von gleichbleibender Intensität.

Wir setzen zunächst voraus, der Regelkreis habe die „Verstärkung" $V = 1$, d. h. das Stellglied arbeite auf Grund einer eingetroffenen Abweichungsmeldung gerade so intensiv, daß es diese Abweichung im Laufe einer Zeitspanne, die gerade der Totzeit von 1 sec entspricht, zu null macht. Eine Verstärkung $V = 2$ würde bedeuten, daß eine Regelabweichung bereits in der halben Totzeit kompensiert wird, wie es auf Abb. *51,1* dargestellt ist; ein Regelkreis mit der Verstärkung $V = 0{,}25$ vermag innerhalb einer Totzeiteinheit gerade ein Viertel der jeweiligen Regelabweichung zu kompensieren usw. – Unter der Voraussetzung „$V = 1$" muß also der Istwert in der Zeitspanne zwischen $t = 1$ und $t = 2$ zu Null werden, und zwar wegen der gleichbleibend intensiven Tätigkeit des Stellglieds geradlinig. Dies ist in *[51,1]* durch den an die waagerechte Strecke rechts anschließenden Kurventeil wiedergegeben. Damit ist also der Sollwert zur Zeit $t = 2$ wieder erreicht, die Regelabweichung ist kompensiert. Es scheint also, als habe zur Zeit $t = 2$ der Regelkreis seine Aufgabe erfüllt, und das Stellglied würde nun seine Tätigkeit beenden.

Das ist jedoch nicht der Fall: Zum Zeitpunkt $t = 2$ trifft ja noch die Meldung vom Fühler ein, die dort zur Zeit $t = 1$ abgesandt wurde, und diese lautet ja noch „Istwert $= -1$". Auf diese Meldung hin muß also das Stellglied zwangsläufig weiter tätig bleiben. Die Folge davon ist, daß der Istwert der Regelgröße nach der Gegenseite über den Sollwert hinausschwingt, daß also eine neue Regelabweichung entsteht, die der ursprünglichen Abweichung entgegengesetzt ist.

Was weiter geschieht, zeigt Abb. *51,1*: Die entgegengesetzte Regelabweichung erreicht den halben Wert der ursprünglichen Abweichung; dann geht sie wieder zurück, erzeugt jedoch auch ihrerseits wiederum eine entgegengesetzte Abweichung, die aber nur noch ein Viertel der ursprünglichen erreicht. Dieses Überschwingen setzt sich mit abnehmenden Schwingungsweiten weiter fort, so daß auf diese Weise der Sollwert angenähert und schließlich erreicht wird (genau genommen erst nach unendlich langer Zeit).

Das eben beschriebene Geschehen läßt sich auf folgende Weise näherungsweise berechnen: Man macht sich klar, daß der Betrag der Abweichung vom Sollwert jeweils die Intensität determiniert, mit der das Stellglied *eine Sekunde später* (nach Ablauf einer Totzeit-Einheit) auf die Regelgröße einwirkt. Wir nehmen an, die Kurve sei bisher bis zum Abszissenwert $t = 2$ gezeichnet worden und fragen: Welcher Wert wird von ihr in der folgenden zehntel Sekunde erreicht? Hierzu stellen wir die durchschnittliche Regelabweichung in der *um eine Sekunde früher* liegenden zehntel Sekunde fest, indem wir den Mittelwert zwischen deren Anfangs- und Endwert (-1 und $-0{,}9$) bilden ($-0{,}95$). Während der betrachteten zehntel Sekunde erhöht also das Stellglied den Istwert der Regelgröße um ein Zehntel von $+0{,}95$, also um $+0{,}095$. Diesen Wert können wir also für den Abszissenwert 2,1 in die Kurve eintragen. Für die nächste zehntel Sekunde finden wir als durchschnittliche Regelabweichung zwischen den Zeitpunkten $t = 1{,}1$ und 1,2 den Betrag $-0{,}085$; daraus ergibt sich für das Kurvenstück zwischen 2,1 und 2,2 eine Zunahme um $+0{,}085$, also von 0,095 zu 0,180. Die nächsten Ordinatenwerte im Abstand von je 1/10 sec sind dann 0,255; 0,320; 0,375; 0,420; 0,455; 0,480; 0,495; 0,500. Für die nun folgende zehntel Sekunde finden wir als Durchschnittsabweichung zwischen $t = 2$ und $t = 2{,}1$ einen positiven Betrag, nämlich $+0{,}0475$. Der Wert 0,00475 muß daher – wegen der Vorzeichenumkehr zwischen Fühler und Stellglied (negative Rückwirkung!) – vom letzten erreichten Ordinatenwert *subtrahiert* werden. Damit beginnt sich die Kurve also wieder der Null-Linie anzunähern. – Auf diese Weise läßt sich das Verhalten des gegebenen (Integral-)Reglers mit elementaren Mitteln näherungsweise berechnen, und man gewinnt die Kurven der Abb. *51,1*.

Beurteilt man das eben abgeleitete Verhalten des Reglers mit der Verstärkung $V = 1$, so wird man es nicht allzu befriedigend finden, weil die entstandenen – wenn auch abklingenden – Schwingungen offensichtlich die Erreichung des gleichbleibenden Sollwert-Zustandes verzögern. Wie könnte man die Funktion des Regelkreises verbessern? Man könnte daran denken, die Totzeit oder die Verstärkung zu ändern. Wir nehmen zunächst an, die Totzeit sei aus technischen Gründen nicht zu verkürzen. Dann scheint sich als geeignete Maßnahme anzubieten, die *Reaktion des Stellglieds zu verstärken.* Sie soll die Abweichung „-1“ jetzt in einer halben statt in einer ganzen Sekunde rückgängig zu machen vermögen ($V = 2$). Konstruiert man nun die Veränderung der Regelgröße auf die im vorigen Abschnitt erklärte Weise, so stellt man jedoch sofort fest: Es ist gerade das Gegenteil des Erwünschten erreicht! Die Kurve schwingt im positiven Bereich weiter von der Null-Linie weg fort, als sie begonnen hatte, ja es entsteht sogar eine Schwingung mit fortlaufend anwachsender Amplitude *[51,1]*. Die Verdoppelung der Stellgrößen-Reaktion des Regelkreises hat diesen also *instabil* gemacht. Anstatt den Istwert auf den Sollwert zurückzuführen, erzeugt er anwachsende Schwingungen („Reglerkatastrophe“).

Hat man diese entscheidende Erfahrung mit Hilfe von Papier und Bleistift gewonnen, so folgt auf dem Fuß eine weitere: Der gleiche Effekt der Instabilität folgt auf eine Verdoppelung der Totzeit bei sonst gleichbleibenden Eigenschaften des Regelkreises. Hiermit deutet sich ein enger Zusammenhang zwischen den beiden funktionellen Größen des Regelkreises, der Stellgrößenreaktion und der Totzeit, an. Für die Stabilität des Regelkreises (und andere seiner Eigenschaften) ist das Produkt aus der Kennzahl K der Reaktionsstärke des Stellgliedes und der Totzeit T_t entscheidend; dieses wird als „Verstärkung“ V bezeichnet. Es gilt daher die Formel $V = KT_t$. Die Kennzahl K gibt an, welcher Bruchteil oder welches Vielfache einer Regelabweichung im Laufe einer Zeiteinheit (z. B. 1 sec) durch die Stellgliedtätigkeit kompensiert wird.

Eine Verbesserung und Beschleunigung des Regelvorgangs läßt sich jedoch, sofern man keinen Einfluß auf die Totzeit hat, paradoxerweise durch eine *Verringerung* der Verstärkung V erreichen *[51,1]*. Diese darf natürlich nicht beliebig klein werden, weil dann das System zu träge arbeitet. Doch gibt es einen theoretisch besten Wert; es ist derjenige, bei welchem das Überschwingen erstmalig ganz vermieden ist, also der „aperiodische Grenzfall". Er tritt ein, wenn die Verstärkung V gerade den Wert e^{-1}, also 0,368 . . . erreicht hat.

7b. Künstliche Instabilität des Pupillen-Regelkreises. Kann man auch am gesunden menschlichen Körper – ohne Eingriff in seine Struktur – die Gültigkeit des Gesetzes demonstrieren, daß Regelkreise durch Erhöhung der inneren Verstärkung instabil werden können und dann selbsterregte Schwingungen hervorbringen? Es gelingt – mit einfachsten Hilfsmitteln – am Pupillen-Regelkreis.

Man braucht dazu mehrere kleine Glasscheiben, am besten „Objektträger" (2,5 · 8 cm messende Scheiben aus dünnem Glas für mikroskopische Präparate). Dann schneidet man aus schwarzem, gummierten Papier kleine Kreisscheiben von verschiedenen Durchmessern (zwischen 2,5 und 6 mm) aus und klebt sie auf je eine Glasscheibe, etwa so, wie es Abb. *54,1* darstellt.

54,1. Glasscheibe (Objektträger) mit aufgeklebtem Papierscheibchen; halbe natürliche Größe.

Das Experiment läßt sich am besten in einem mäßig erleuchteten Raum durchführen, innerhalb dessen man den Blick auf eine hellere Fläche richten kann. Die Vp deckt dann mit ihrer einen Hand ein Auge zu und hält mit der anderen eines der Gläser so dicht als möglich vor das freie Auge – und zwar so, daß sich der Kreisfleck vor der Pupille in der Blicklinie befindet. Dies führt sie mit verschieden großen Plättchen durch, um das bestgeeignete für ihre Pupillengröße bei der herrschenden Helligkeit herauszufinden. Ist das gelungen, so beobachtet die Vp plötzlich, wie das Bild des Kreisscheibchens, das sie wahrnimmt, *zu pulsieren beginnt:* Es wird abwechselnd größer und kleiner, und zwar mit einer Frequenz von 1 bis 2 Hz. Beim Kleinerwerden kann das Bild des Scheibchens jeweils kurzzeitig ganz verschwinden. Dieser Pulsation liegen keinerlei periodische Helligkeitsänderungen in der Umwelt zugrunde! Ist ein zweiter Beobachter zugegen, so kann dieser erkennen, wovon die periodischen Veränderungen des Seheindrucks der Vp herrühren: Im gleichen Rhythmus wie das von der Vp wahrgenommene Bild des Plättchens *ändert sich die Pupillenweite ihres*

Auges; und zwar entspricht dem *größten* Pupillendurchmesser jeweils das *kleinste* Wahrnehmungsbild des schwarzen Plättchens.

Da die Pupillenbewegungen beider Augen über das Gehirn miteinander funktionell verkoppelt sind („consensuelle Reaktion"), pulsiert in diesem Versuch auch die Iris des anderen Auges der Vp, (von dem oben gesagt worden war, daß die Vp es zuhalten sollte). Um dies zu erkennen, hält der zweite Beobachter am besten einen Taschenspiegel schräg vor das Auge der Vp und beobachtet es von der Seite her. Dabei kann er das Auge, um deutlicher sehen zu können, ohne doch zu viel Licht in sein Inneres fallen zu lassen, mit einer Taschenlampe „streifend" von der Seite her beleuchten.

Die beschriebenen rhythmischen Änderungen der Pupillengröße sind nun tatsächlich selbsterregte Schwingungen des Pupillen-Regelkreises auf Grund zu hoher Verstärkung: Normalerweise wird nach Helligkeitsänderungen nur *etwa die Hälfte* der Änderung durch die Pupillenreaktion kompensiert *[55,1]*. Wird aber das Zentrum der Pupille durch die kreisförmige Blende beschattet, so hat die Änderung der Pupillengröße einen viel stärkeren Effekt: Wie man auf Abb. *55,2* erkennt,

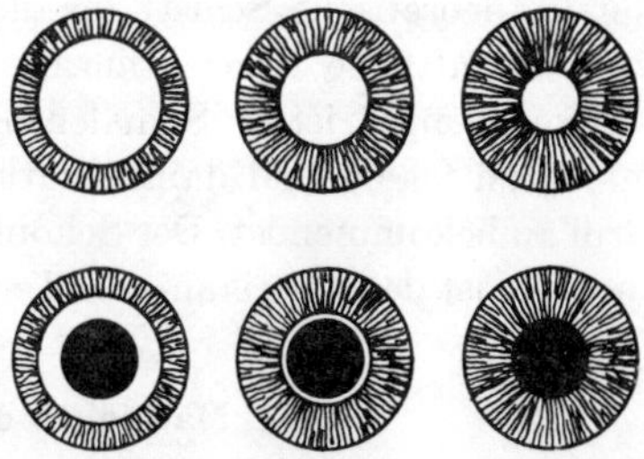

55,1. Pupillenflächen von links nach rechts im Verhältnis von 4:2:1. Sie würden sich ergeben bei Belichtungsanstiegen von einer Grundhelligkeit (links) auf das 4fache und das 16fache (50%ige Korrektur!).

55,2. Die gleichen Pupillenveränderungen wie in *55,1* führen in Gegenwart einer *zentralen Blende* theoretisch zu Lichtflüssen durch die Pupille im Verhältnis von 4:0,9:0. Eine zentrale Blende *verstärkt* also den *Effekt* einer Pupillen-Verkleinerung (oder -Vergrößerung).

kann dann nach einem Helligkeitssprung der Lichteintritt in die Pupille – abgesehen von Streulicht – sogar völlig, d. h. zu 100%, verhindert werden. Der Effekt der Pupillenreaktion und damit die *Verstärkung im Pupillenregelkreis* ist also durch die zentralen Blenden außerordentlich erhöht. Diese Erhöhung der Verstärkung ist es dann, welche die selbsttätigen Schwingungen hervorruft.

Man kann sich das Zustandekommen der Pulsationen der Pupille auch leicht anschaulich klarmachen: Die Pupille sei zunächst maximal erweitert, wenn die Belichtung einsetzt. Die Iris reagiert darauf wie üblich mit einer Verkleinerung der Pupille. Dies hat einen überstarken *Effekt*; denn das Reizlicht wird nicht nur, wie normal, zur Hälfte, sondern wegen der kreisförmigen Blende vollständig oder beinahe vollständig abgedunkelt, was zum entgegengesetzten Kommando „Pupille öffnen" führen muß. Die Wieder-Öffnung der Pupille bringt aber erneut die anfängliche, starke Beleuchtung der Netzhaut mit sich, was wieder zur Kontraktion der Iris führt usf. So entsteht das subjektiv und objektiv beobachtete „selbsterregte" periodische Geschehen, das oben beschrieben wurde.

D. Information, ihre Übertragung und Speicherung

Manches von dem, was man heute in den Rahmen der „Kybernetik“ stellt, war längst bekannt, als die neue Wissenschaftsrichtung durch das Buch Norbert Wieners (1948) begründet wurde: Die Lehre von der selbsttätigen Regelung war hoch entwickelt; es gab bereits die verschiedenartigsten Einrichtungen zur Signal- und Nachrichtenübertragung; und seit Jahrhunderten hatten sich Erfinder bemüht, brauchbare Rechenmaschinen zu ersinnen und zu bauen. Doch fehlte bis 1948 die Erkenntnis des inneren Zusammenhanges zwischen den genannten Fachgebieten. Das Gemeinsame der heute zur Kybernetik gerechneten Wissensrichtungen liegt darin, daß sie sich mit Signalen und Nachrichten befassen; die Aspekte der Substanz und der Energie, welche für andere technische und naturwissenschaftliche Fachgebiete das Wesentliche sind, beschäftigen die kybernetischen Arbeitsrichtungen erst in zweiter Linie. Der entscheidende theoretische Schritt für die Begründung der Kybernetik war die wissenschaftliche Konzeption des Begriffs der *Information.* Die „Informationsmenge“ ist an Signalen und Nachrichten dasjenige, was zahlenmäßig zu fassen und damit mathematisch-naturwissenschaftlich in den Griff zu bekommen ist. Der Schöpfer der mathematischen „Informationstheorie“ ist der amerikanische Techniker Claude Shannon.

D 1. Maßeinheit der Informationsmenge

Daß es bei der Nachrichtenübertragung neben dem eigentlichen „Inhalt“ der Nachricht etwas geben muß, was zahlenmäßig faßbar ist, erfahren wir handgreiflich in einer Situation des täglichen Lebens: Beim Abfassen eines Telegramms. In dem Versuch, einen bestimmten Inhalt mit möglichst wenigen Wörtern bzw. Zeichen auszudrücken, treffen wir stets irgendwann auf eine nicht mehr zu unterschreitende Grenze: Bestimmte Inhalte bedürfen einer Mindestzahl von Wörtern und Zeichen, um vollständig ausgedrückt werden zu können.

Bevor man die Gesetzmäßigkeiten, um die es geht, begrifflich zu beherrschen versucht, sollte man sich mit ihnen durch Erfahrung vertraut machen. Man kann z. B. die Aufgabe stellen, folgende Nachricht zu einem aus möglichst wenigen Wörtern bestehenden Telegrammtext zu „verdichten“ (Wörter aus mehr als 15 Buchstaben gelten als 2 Wörter): Der Adressat – z. B. der Bruder des Absenders – solle noch heute mit einem Zug, der um 16.07 Uhr abfährt und um 19.57 Uhr eintrifft, zum Ort des Absenders reisen; er solle am Bahnhof warten; dort werde er nach einer halben Stunde mit dem Auto abgeholt werden. Indem man aus diesem Text alles nicht unbedingt Notwendige auszuscheiden versucht, ohne die Eindeutigkeit und Vollständigkeit der Information zu beeinträchtigen, wird man u. a. folgende Erfahrungen machen:

Man braucht nur eine der beiden für den Zug kennzeichnenden Zeiten zu verwenden, entweder nur die Abfahrts- oder nur die Ankunftszeit, weil mit der einen bereits die andere festgelegt ist. Die Wartezeit muß aber unbedingt mittelegraphiert werden: Sie ist eine „unabhängige" Information und läßt sich durch keine der übrigen beiläufig" mitteilen. Ferner liegt eine Schwierigkeit in der Formengleichheit des Imperativs mit dem Indikativ 1. Person: „Komme" oder „Fahre" kann heißen „bitte fahre" oder „ich fahre", ist also doppeldeutig. Wenn die Möglichkeit vorausgesetzt werden muß, daß auch der Absender zu seinem Bruder fahren könnte, anstatt dieser zu ihm, muß dem möglichen Mißverständnis vorgebeugt werden. Vielleicht läßt sich jedoch in den übrigen Text eine „beiläufige" Mitteilung einfügen, welche die Doppeldeutigkeit des Wortes „Fahre" aufhebt. Dies setzt jedoch besondere Aufmerksamkeit und Intelligenz („Einsicht") beim Empfänger des Telegramms voraus.

Nachdem man den kürzest möglichen Text gefunden hat, überlege man folgendes: Wie viele Wörter würde man sparen, wenn man zuvor – und nicht erst unter dem Zeitdruck der plötzlichen Notwendigkeit der Mitteilung – bestimmte „Schlüsselwörter" verabredet hätte? Man könnte z. B. alle im Laufe eines Tages zwischen den fraglichen Orten verkehrenden Züge durchnumerieren, so daß etwa der Ausdruck „Zug 3" zu bedeuten hätte: „Bitte reise mit dem Zug Ankunft 19.57 hierher" usw. Ein internationaler Code (Schlüsselwort-Sprache) solcher Art ist tatsächlich in Gebrauch, und zwar der „Hotel-Telegraphenschlüssel". Er enthält Codeworte aus 3 bis 5 Buchstaben. Das Telegramm "*BIRAC TRANQ BAT QUAI POZUM*" bedeutet beispielsweise: Ich bestelle ein Zweibett- und ein Einbettzimmer – sehr ruhig gelegen – mit Privatbad – bitte um Abholung vom Hafen – Ankunft heute nachmittag. – Aus diesem Beispiel ist zu entnehmen, wieviele Zeichen und damit Telegrammgebühren man spart, wenn man einen verkürzten Code verwendet, den Sender und Empfänger verstehen. Im obigen Beispiel würde ein Telegramm in „Klartext" mehr als zweimal so viele Wörter benötigen als das codierte.

Die vorangegangenen Überlegungen und Beispiele haben gezeigt: Durch die Verabredung eines *Code*, d. h. einer Serie von Schlüssel-Zeichen, kann man die Telegrammlänge, die für die Übermittlung einer Nachricht notwendig ist, verkürzen. Nun erhebt sich die Frage: Geht die mögliche Verkürzung beliebig weit? Kann man einen gegebenen Inhalt mit Hilfe von beliebig kurzen Telegrammen übermitteln? Die Antwort lautet: Es gibt eine untere Grenze der Telegrammlänge. Diese Länge ist gegeben durch zwei Voraussetzungen: Durch die Anzahl der verschiedenartigen Nachrichten, die zu übermitteln möglich sein soll; und durch die Anzahl der Zeichenarten, die zur Verfügung stehen. Dies läßt sich in folgendem Beispiel an sehr einfachen Signalen herleiten (Signale sind Zeichen, die von einem Absender an einen Empfänger übermittelt werden sollen):

Ein Kind liegt krank im Bett, seine Mutter arbeitet in der Küche. Das Kind hat eine Klingel, um sich bemerkbar zu machen. Wir setzen zunächst voraus, das Kind wolle der Mutter nur ein Zeichen geben können: „Bitte komm zu mir". Dann ist keine nähere Verabredung notwendig: Das Klingeln hat ein für alle Male dieselbe Bedeutung. – Es ist aber auch denkbar, das Kind wolle mit seiner Mutter drei verschiedene Klingelsignale verabreden: Eines für „Kommen", eines für „ich habe Hunger", ein drittes für „ich habe Durst". Für diese Aufgabe gibt es zwei Lösungen: *1.* Das Kind bekommt drei verschieden klingende Glocken, deren jede eine der drei Bedeutungen erhält. *2.* Es geht aber auch mit der *einen* Glocke. Nur müssen dann Klingelsignale aus mehr als einem Einzelzeichen verabredet werden, z. B. einmal klingeln: „Kommen"; zweimal: „Hunger"; dreimal: „Durst". – Soll also die Übermittlung von drei verschiedenen Nachrichten möglich sein, so müssen auch ebenso viele Mitteilungen (Meldungen) unterscheidbar sein. Und zwar müssen entweder drei verschiedene Signal*arten* zur Verfügung stehen, oder die *Anzahl der Zeichen pro Meldung*, die „Telegrammlänge", muß erhöht werden. *Ein* Zeichen *einer* Art genügt nicht, wenn die Übermittlung dreier verschiedener Nachrichten möglich sein soll. Das gilt natürlich auch dann, wenn in Wirklichkeit nur ein einziges Mal von der verabredeten Signalübertragung Gebrauch gemacht wird: Wenn nicht vorauszusehen ist, welche der drei denkbaren Nachrichten zu übermitteln sein wird, müssen die Verabredungen über den Code genauso getroffen werden, als wenn viele Meldungen zu erwarten sind. Für die Verabredung über die Bedeutung der einzelnen Zeichen ist es also entscheidend, wie viele Arten von Meldungen *zugelassen* sind, d. h. zwischen wie vielen Meldungen eine *Unterscheidung* möglich sein soll. – Für die Beschaffenheit der übertragenen Meldungen (der Telegramme) ist es aber dann entscheidend, wie viele Zeichenarten es gibt. Gibt es weniger Zeichenarten, als Nachrichten unterscheidbar sein sollen, so ist mehr als ein Zeichen pro Meldung notwendig.

Mit je einem einzelnen Signal kann man also um so mehr verschiedene Nachrichteninhalte übertragen, je mehr verschiedene Signalarten möglich oder zugelassen sind: Mit Hilfe der Buchstaben unseres Alphabets kann man, wenn man für jeden von ihnen eine besondere Bedeutung verabredet, 26 verschiedenartige Nachrichten ausdrücken, da es 26 verschiedene Buchstaben gibt. Unsere Ziffern ermöglichen immer noch zehn verschiedene Inhalte. Ein einzelnes Morsesignal (ein Punkt oder ein Strich) vermag die erfolgte Auswahl aus zwei Möglichkeiten anzuzeigen. Ein Dauersignal schließlich, das sich nicht ändern, also auch nicht aufhören kann, das also auf einen Zustand festgelegt ist, kann gar keine Nachricht mehr übertragen.

Wie man aus dieser Zusammenstellung ersieht, besteht die einfachste Situation für eine sinnvolle Nachrichtenübertragung in der vorletzten der angegebenen Möglichkeiten: Wenn ein einzelnes Zeichen übertragen wird und wenn zwei Zeichensorten (z. B. 0 und 1) in Frage kommen, so daß das Zeichen über eine alternative Entscheidung, z. B. ja oder nein, Auskunft zu geben vermag. Ein Zeichen, das über eine alternative Entscheidung Auskunft zu geben vermag, weil zwei Zeichenarten zugelassen sind, nennt man ein „*binäres*“ Zeichen.

Die damit beschriebene einfachste denkbare Situation einer Nachrichtenübertragung hat man nun zur Maßeinheit gewählt. Man bezeichnet die „elementare Nachrichtenmenge“, die von einem einzelnen „binären“ Zeichen übertragen werden kann, als ein *bit* (abgekürzt aus dem englischen Ausdruck binary digit = zweiwertiges Zeichen). – Das kranke Kind in unserem Beispiel sandte seiner Mutter also im ersten Fall – nur eine Meldung möglich: „Komm bitte“ – bei jedem Klingeln *ein bit*; denn es fällte in jedem Augenblick – gleich ob es gerade klingelte oder nicht – *eine alternative Entscheidung:* „Klingelsignal“ oder „kein Klingelsignal“ („Komm bitte“ oder „Kommen nicht nötig“).

Durch Meldungen aus *zwei* binären Zeichen lassen sich nicht nur 2, sondern 4 verschiedene Situationen ausdrücken. Sind die möglichen Ausprägungen des einzelnen Zeichens 0 und 1, so heißen die verschiedenen möglichen Telegramme 00, 01, 10 und 11. Die gleiche Nachrichtenkapazität hat ein einzelnes Zeichen, wenn es 4 Gestalten (z. B. 0, 1, 2, 3) annehmen darf; die Telegramme heißen dann 0, 1, 2, und 3. Man könnte die Nachrichtenmenge eines Telegramms in diesen beiden Fällen natürlich nach der Zahl der alternativen Möglichkeiten, also mit „4“ bezeichnen. Man hat sich aber darauf geeinigt, nicht die Anzahl der möglichen Kombinationen, sondern *die Anzahl der benötigten binären Zeichen* als Maß zu wählen, so daß die eben besprochene Meldung auf jeden Fall – gleich ob sie aus *zwei bi*nären oder *einem* „*quater*nären“ Zeichen besteht – 2 *bit* Nachrichtenmenge enthält. Das kranke Kind übersandte also seiner Mutter im zweiten Fall, in dem unter 4 Möglichkeiten unterschieden wurde, pro Meldung 2 *bit*. (Die vier Möglichkeiten waren: „Komm bitte“, „Hunger“, „Durst“ und „Kommen nicht nötig“, letzteres ausgedrückt durch „Nicht klingeln“. Hat in einem Informationszusammenhang die Alternative „Kein Zeichen“ oder „Pause“ irgendeine eigene Bedeutung, so ist sie bei der Berechnung des Informationsgehalts stets als selbständige Signalart zu werten.)

Ein Telegramm aus 3 binären Zeichen kann eine Entscheidung aus im ganzen 8 Möglichkeiten wiedergeben: 000; 001; 010; 100; 011; 101; 110; 111. Es überträgt also 3 *bit*. In einer allgemeinen Formel ausgedrückt: Ein Telegramm aus n binären Zeichen überträgt n *bit* und kann eine Entscheidung unter 2^n verschiedenen Möglichkeiten repräsentieren.

Wir gehen nun auf nicht-binäre Zeichen über; denn nur wenige Zeichensprachen verwenden binäre Zeichen, so z. B. der Code der sog. digitalen Rechenmaschinen. Die Anzahl der Zeichensorten ist fast stets größer: Unser Alphabet enthält bekanntlich 26 Buchstaben; das arabische Zahlensystem umfaßt 10, das römische 7 verschiedene Ziffern. Wieviel *bit* repräsentiert ein Buchstabe, wieviel eine arabische Ziffer? Der erste Schritt zur Lösung dieser Frage besteht darin, zu überlegen, wie viele binäre Zeichen man braucht, um 26 Meldungen zu unterscheiden, also so viele, als es Buchstaben gibt. Die Antwort lautet: Man braucht 5 binäre Zeichen; denn diese lassen sich auf 32 verschiedene Weisen kombinieren (4 Zeichen nur auf 16 Weisen). Damit wäre gesagt: Ein Buchstabe trägt 5 *bit* an Information. Allerdings entsprechen 5 *bit* 32 Alternativen; ein Buchstabe repräsentiert aber die Entscheidung aus nur 26 Alternativen. Korrekter ist es also zu sagen: Ein Buchstabe trägt etwas weniger als 5 *bit*, jedoch mehr als 4 *bit*.

Diese Aussage wollen wir jedoch nicht auf sich beruhen lassen, sondern nach einem Weg suchen, die *bit*-Zahl genau festzulegen, auch wenn es sich nicht um eine ganze Zahl handelt. Hierzu versuchen wir, den Zusammenhang zwischen dem Informations-Inhalt in *bit* und der Anzahl der auszudrückenden Alternativen in eine mathematische Formel zu fassen. Es entspricht:

1 *bit* einer Auswahl aus 2 Alternativen,
2 *bit* einer Auswahl aus 4 Alternativen,
3 *bit* einer Auswahl aus 8 Alternativen,
4 *bit* einer Auswahl aus 16 Alternativen

und darum allgemein:

n *bit* einer Auswahl aus 2^n Alternativen.

Die Anzahl der *bit*, die eine Meldung überträgt, ist also gleich der Zahl, mit der man die Zahl 2 potenzieren muß, um die Anzahl der unterscheidbaren Meldungen zu erhalten. – Nun gibt es einen ganz ähnlich definierten mathematischen Ausdruck: Den des *Logarithmus*. Unter dem Logarithmus einer Zahl a zur Basis einer anderen Zahl c versteht man bekanntlich diejenige Zahl, mit der man c potenzieren muß, um a zu erhalten. In Formelzeichen heißt das:

$$\lg_c a = x, \text{ wenn } c^x = a \qquad (1)$$

als Definition geschrieben:

$$\lg_c c^x \equiv x \qquad (2)$$

Die letzte Zeile der obigen Tabelle läßt sich daher mit Hilfe des Logarithmus-Begriffs folgendermaßen formulieren: Die Informationsmenge I in *bit* entspricht dem Logarithmus (zur Basis 2) der Anzahl der möglichen Alternativen.

$$I\,[bit] = \text{ld } 2^n = \text{ld der Anzahl der Alternativen} \qquad (3)$$

(ld $\equiv \lg_2 \equiv$ logarithmus dualis $\equiv$ Logarithmus zur Basis 2). Diese Formel läßt sich nun ohne weiteres auch auf nichtbinäre Zeichen anwenden, wenn wir die Anzahl der zugelassenen Zeichensorten mit einem eigenen Symbol m bezeichnen; denn die Anzahl der zugelassenen Zeichen entspricht ja der Anzahl der unterscheidbaren Alternativen. Wir können also schreiben:

$$I\,[bit] = \text{ld } m \qquad (4)$$

Auf die Buchstaben und arabischen Ziffern angewandt, läßt sich der Informationsgehalt dieser Symbole nun unmittelbar aus der Logarithmentafel entnehmen (ld von 26 bzw. ld von 10). (Falls keine Logarithmen zur Basis 2 zur Hand sind, lassen sie sich aus den dekadischen Logarithmen errechnen, wenn man diese mit 3,32 multipliziert.) Ergebnis: Ein Buchstabe repräsentiert 4,70 *bit*, eine arabische Ziffer 3,32 *bit* (siehe S. IV).

Eine letzte Frage läßt sich nun leicht beantworten: Wie errechnet sich der Informationsgehalt einer Meldung aus mehr als einem nicht-binären Zeichen? Ist die Zeichenzahl n und die Anzahl der Zeichensorten m, so ist die Anzahl der möglichen Kombinationen m^n. Formel (3) heißt dann:

$$I\,[bit] = \text{ld } m^n = n \text{ ld } m = 3{,}32\, n \lg m\ [bit] \qquad (5)$$

Jetzt ist das Rüstzeug erarbeitet, viele anregende Fragen zu lösen, z. B. folgende: Wieviel *bit* kann ein Einheits-Telegramm aus 10 Worten à 15 Buchstaben enthalten? Wieviel kostet demnach ein Telegramm-*bit*? Wieviel *bit* werden für die Adresse innerhalb eines Telegramms bezahlt (Vorname, Familienname, Straße, Hausnummer, Wohnort)? Wieviel *bit* wären aber nur notwendig, um jeden Deutschen eindeutig zu bezeichnen (ld der Einwohnerzahl)? Wieviel Information in *bit* liefert ein Wurf mit dem Würfel? Wieviel *bit* enthält das Nummernschild eines Automobils?

D 2. Verfeinerung des Informationsbegriffs

Ein Buchstabe enthält 4,7 *bit* an Information, weil es außer ihm noch 25 weitere Buchstaben gibt, welche andere Meldungen repräsentieren können. Der meßbare Aspekt der Information, dessentwegen man von einer „Informationsmenge" sprechen kann, liegt also darin, daß man eine Meldung als eine Auswahl aus einer bestimmten Menge möglicher Meldungen begreift. Der Informationsgehalt eines Signals in *bit* ist um so größer, aus je mehr Alternativen es die Auswahl übermittelt; denn je größer die Anzahl der Alternativen, die eindeutig bezeichnet sein müssen, desto mehr binäre Zeichen müssen pro Meldung zur Verfügung stehen, um jede mögliche Meldung mit einem anderen Zeichen zu versehen.

2a. Zwischensymboleinflüsse. Betrachtet man aber die Buchstaben unserer Schrift einmal nicht als Einzelsymbole, sondern innerhalb eines Textes in deutscher Sprache, so bemerkt man, daß durchaus nicht jeder von ihnen 4,7 *bit* an Information enthalten kann. Denn an vielen Stellen ist die Möglichkeit, daß dort andere Buchstaben stehen könnten, als der Fall ist, beschränkt. So ist der Buchstabe, der in der deutschen Sprache auf ein Q folgt, stets ein U. Es wäre also sinnlos zu sagen, daß dieses U eine „Auswahl aus 26 Alternativen" darstelle. Nach obiger Definition dürfte es also keine Information in *bit* enthalten. Bedenkt man dies genauer, so stellt man fest: Auch dem Sprachgebrauch des täglichen Lebens entspricht es zu sagen: Das U nach einem Q hat keinerlei Informationswert. Es *muß* ja dort stehen. Man könnte es daher auch ruhig weglassen, ohne daß die Eindeutigkeit des Textes dadurch die geringste Einbuße erlitte.

In der Fachsprache der Informationstheorie ist das eben Gesagte folgendermaßen auszudrücken: Ein in einer Meldung vorkommendes Q legt fest, daß die nächste Stelle der Meldung von einem U eingenommen wird. Daher besteht ein „*Zwischen-Symbol-Einfluß*" zwischen Q und U. Da dieser Einfluß eindeutig ist und für die nachfolgende Stelle keinerlei Freiheit läßt, ist der Informationsgehalt dieser Stelle auf null *bit* reduziert.

Zwischen-Symbol-Einflüsse gibt es nun nicht nur in der krassen Form wie zwischen Q und U. Vielfach sind nur einige der sonst üblichen Nachfolgemöglichkeiten ausgeschlossen, die Auswahl unter den übrigen aber beliebig. So folgt nach dem Buchstaben P niemals ein D, nach T niemals ein F, nach Z niemals P, R, S usw. (Es mögen Ausnahmen zu finden sein, wenn man auch Wortzusammensetzungen zuläßt; wie sich im nächsten Abschnitt zeigen wird, beschränkt dies jedoch nicht die Allgemeingültigkeit der zu ziehenden Folgerungen.) Noch deutlicher zeigen sich Beschränkungen der Buchstabenfolge, wenn man nicht nur zwei, sondern mehrere aufeinanderfolgende Buchstaben in Betracht zieht. Nach SCHL, SCHM, SCHN, SCHR und SCHT z. B. sind sämtliche Konsonanten ausgeschlossen und nur die Vokale zugelassen, also nur 5 verschiedene Zeichen. Die Stelle nach diesen Buchstabenfolgen trägt also maximal ld 5 = = 2,32 *bit* Information; das sind 2,4 *bit* weniger als ein „unabhängiger" Buchstabe. Wir werden übrigens sehen, daß auch dieser Wert noch zu hoch ist.

Wie die vorangegangene Überlegung zeigt, verringert also jede Einschränkung der Unabhängigkeit der Symbole innerhalb einer Meldung, jeder „Zwischen-Symbol-Einfluß", die Informationsmenge, die ein Zeichen zu repräsentieren bzw. zu übertragen vermag. Das *Gesetzmäßige* erweist sich damit als *Gegenspieler der Information.* Der tiefere Grund dafür liegt darin, daß Information die Auswahl einer nicht vorher bekannten Entscheidung aus einer vorgegebenen Menge von Möglichkeiten voraussetzt. Durch das Vorliegen einer Gesetzmäßigkeit, auch wenn sie nur statistischer Art ist, wird aber der Aspekt des „Nicht-vorher-Bekanntseins" eingeschränkt. Hierdurch verringert sich die Menge an Information, welche von einer Entscheidung repräsentiert wird.

2b. Zeichenhäufigkeit. Neben dem Zwischen-Symbol-Einfluß gibt es nun noch ein weiteres Prinzip, das die Informationsträchtigkeit der Zeichen beeinflußt und das daher zur Verfeinerung des Begriffs der Informationsmenge herangezogen werden muß: Das Prinzip der Zeichen-Häufigkeit. Und zwar gilt die Aussage: Seltenere Zeichen eines Code tragen mehr, häufigere weniger Information. Auch diese Regel sei zunächst an einem Beispiel erläutert:

Nach dem Bau eines Hauses seien die Rechnungen der Handwerker infolge eines Wasserrohrbruchs durchnäßt worden; nur wenige Buchstaben seien noch zu lesen. Die Aufgabe besteht darin, festzustellen, welche Rechnung von welchem Handwerker stammt. Im Hause haben gearbeitet: Maurer, Zimmermann, Gipser, Glaser, Maler, Klempner, Elektriker, Fliesenleger, Parkettleger, Tapezierer, Tischler und Dachdecker. Die Frage lautet: Wie viele Buchstaben enthalten die Information (= eindeutige Entscheidung) darüber, um welchen Handwerker es sich handelt, einerseits wenn gerade die seltensten Buchstaben, andererseits wenn gerade die häufigsten übriggeblieben sind? Am exaktesten würde man vorgehen, wenn man die Häufigkeit der Buchstaben innerhalb der obigen 12 Handwerker-Bezeichnungen bestimmen und danach die Buchstaben auswählen würde. Hier wird ein bequemerer Weg gewählt und eine veröffentlichte Häufigkeitstabelle der Buchstaben der deutschen Sprache verwendet. Nach Zemanek (1959) ist die Häufigkeits-Reihenfolge:

E N R I S T D H A U L C G M O B Z W F K V Ü P Ä Ö J Y Q X

Die folgende Tabelle enthält nun in der ersten Kolonne (a_1) den seltensten, in der zweiten (a_2) die beiden seltensten Buchstaben des betreffenden Wortes; deren Reihenfolge innerhalb des Wortes ist beibehalten. Wie man sieht, genügen die beiden seltensten Buchstaben, um alle Bezeichnungen voneinander zu unterscheiden. – Ganz anders ist es, wenn man wie in den weiteren sechs Kolonnen (b_1 bis b_6) von dem häufigsten Buchstaben ausgeht; man braucht auf diesem Wege *sechs* Buchstaben, um zu dem gleichen

Ziel zu gelangen. (Wenn in einer Zeile eine Buchstabenfolge erreicht ist, die in keinem anderen der 12 Worte mehr vorkommt, ist in den folgenden Spalten nichts mehr eingetragen.)

	a_1	a_2	b_1	b_2	b_3	b_4	b_5	b_6
MAURER	M	MU	E	ER	RER	ARER	AURER	
ZIMMERMANN	Z	ZM	E	EN	ENN			
GIPSER	P	GP	E	ER	IER	ISER	GISER	
GLASER	G	GL	E	ER	SER	ASER		
MALER	M	ML	E	ER	AER	ALER		
KLEMPNER	P	KP	E	EE	ENE	ENER	LENER	LEMNER
ELEKTRIKER	K	KK	E	EE	EEE	EEER	EERER	EERIER
FLIESENLEGER	F	FG	E	EE	EEE	EEEE	EENEE	
PARKETTLEGER	P	PK	E	EE	EEE	EEER	REEER	
TAPEZIERER	P	PZ	E	EE	EEE	EEER	EERER	EIERER
TISCHLER	C	CL	E	ER	IER	ISER	TISER	
DACHDECKER	K	CK	E	EE	EER	DEER		

Mit leichter Mühe lassen sich ähnliche Beispiele entwerfen; je größer die Anzahl der Worte ist, desto weniger ist zu erwarten, daß der Zufall seine Hand im Spiel hat und ein Ergebnis zustande bringt, das die abgeleiteten Regeln nicht bestätigt. Bei informationstheoretischen Regeln geht es ja um statistische, d. h. mit wachsender Anzahl genauer zutreffende Gesetzmäßigkeiten.

Es ist also eine geringere Anzahl seltener bzw. eine größere Anzahl häufiger Buchstaben notwendig, um das Ziel zu erreichen, jede der 12 Meldungen von jeder anderen eindeutig zu unterscheiden. Das heißt aber: Seltene Zeichen unterscheiden besser, sie „differenzieren" besser unter den verschiedenen Möglichkeiten. Sie enthalten mehr Information als häufige Zeichen. Der Informationsgehalt eines Zeichens ist somit abhängig von seiner Häufigkeit, mathematisch ausgedrückt:

$$\mathrm{I}\ [bit] = f(p) \tag{6}$$

wobei f bedeutet: „Funktion von", d. h. „abhängig von", und p die Häufigkeit (den Anteil) innerhalb der betrachteten Fälle, also Brüche wie $^1/_2$, $^1/_{10}$ u. ä.

In *D1* hatten wir nun hergeleitet: Der Informationsgehalt eines Zeichens ist abhängig von der Anzahl möglicher Zeichen, wobei wir stillschweigend gleich häufiges Vorkommen aller Zeichen vorausgesetzt hatten. Die Anzahl nannten wir m. Bei gleichhäufigen Zeichen ist nun die Häufigkeit gleich dem Kehrwert der Anzahl der Zeichenarten

$$p = \frac{1}{m} \tag{7}$$

Formel (5) läßt sich also für gleich häufige Zeichen auch schreiben:

$$\mathrm{I}\ [bit] = n\ ld\,\frac{1}{p} \tag{8}$$

womit gleichzeitig für Formel (6) gefunden wäre, was $f(p)$ im Fall gleichhäufiger Zeichen bedeutet.

Formel (5) bzw. (8) sind also bisher nur für gleichhäufige Zeichen abgeleitet worden. Gelten sie auch für den Fall, daß die vorkommenden Zeichen verschieden häufig sind? Um diese Fragen zu beantworten, machen wir ein Gedankenexperiment:

Wir nehmen an, innerhalb von 6 gleich häufigen Meldungen, z. B. den 6 Zahlen beim Würfeln, sei der Unterschied zwischen zwei Meldungen ausgelöscht worden, man habe z. B. die 6 des Würfels zu einer zweiten 1 umgewandelt. Dadurch ist der Informationsgehalt der 1 verringert – ihre Unterscheidung von der 6 ist nicht mehr möglich; sie bezeichnet jetzt 2 Seiten statt einer. Gleichzeitig ist die 1 doppelt so häufig geworden wie zuvor. Ferner hat die Anzahl der Zeichensorten von 6 auf 5 abgenommen. Ist nun durch die Auslöschung des Unterschieds zwischen 6 und 1 und durch die Verringerung von m der Informationsgehalt der übrigen Zeichen 2, 3, 4 und 5 verändert? Nach Formel (4) müßte es der Fall sein. Die Antwort lautet jedoch: Nein; denn die Eindeutigkeit, mit welcher diese Zahlen einen bestimmten Anteil der Meldungen aus der Gesamtzahl der Meldungen kennzeichnen, hat sich nicht geändert. Sie bezeichnen ebenso eindeutig wie zuvor je eine unter den 6 Würfelseiten, und auch ihre Häufigkeiten sind gleich geblieben (je $^1/_6$). Hiermit ist an einem Modellbeispiel aufgezeigt, daß nicht m, sondern $^1/_p$ das zutreffende Maß für den Informationsgehalt eines Zeichens ist, wenn die Zeichenhäufigkeiten verschieden sind. Die Formel (4), in welcher m eingesetzt war, gilt nur in dem Spezialfall, den wir zunächst vorausgesetzt hatten: Daß die Zeichen gleich häufig sind. Die weiteren Beispiele zeigten, daß die Formel nur einen Spezialfall beschrieb und wiesen den Weg zu der allgemeiner gültigen Formel (8). Diese lautet – in Worte gefaßt – folgendermaßen: Der Informationsgehalt eines einzelnen Zeichens bemißt sich nach der Häufigkeit dieses Zeichens innerhalb der Gesamtheit der Zeichen; er ist gleich dem log. dualis des Kehrwerts dieser Häufigkeit.

2c. Einführung des Wahrscheinlichkeitsbegriffs. Durch die bisherigen Gedankengänge des Abschnitts *D 2* wurde der Informationsbegriff in zweierlei Hinsicht verfeinert: Durch Berücksichtigung von Zwischensymboleinflüssen *(2a)* und von ungleichen Zeichenhäufigkeiten *(2b)*. Nur der letztere der beiden Aspekte des Informationsbegriffs wurde jedoch in die mathematische Formulierung des Informationsgehaltes eingeführt (durch Ersetzung von m durch $^1/_p$), noch nicht aber der Zwischensymbol-Einfluß. Wie kann dies geschehen?

Betrachten wir zunächst den stärksten denkbaren Zwischensymboleinfluß, wie er z. B. in der deutschen Sprache zwischen Q und U besteht.

Wir würden einen Fehler machen, wollten wir dem U in den Worten Quaken, Quelle usw. denselben Informationsgehalt zuschreiben, den es sonst besitzt (5,0 *bit*; siehe S. 67 Abschnitt *2 d*); denn wir wissen ja mit Sicherheit, daß U und kein anderer Buchstabe auftaucht, nachdem ein Q geschrieben wurde. Wir können auch sagen, die Häufigkeit der U auf den Plätzen nach allen Q ist so groß, wie sie nur sein kann, nämlich 1. Nach Formel (8) errechnet sich daraus ganz richtig der Wert für die Information des U an dieser Stelle: Er ist gleich null.

Die gleiche Überlegung können wir nun auch an geringeren Zwischensymboleinflüssen anstellen, z. B. für die Plätze nach den Buchstabenfolgen SCHL, SCHM, SCHN usw., auf denen nur Vokale vorkommen. Für den Informationsgehalt der hier vorkommenden Buchstaben kann nichts anderes als die Häufigkeit *speziell auf diesen Plätzen* maßgebend sein. Wir können also den Zwischensymboleinfluß zahlenmäßig in den Griff bekommen, wenn wir auswerten, auf welche Weise er die Häufigkeiten der jeweils nachfolgenden Buchstaben beeinflußt. Das bedeutet aber, daß die Formel (8) durchaus gültig bleiben kann, daß wir aber p nicht mehr als Häufigkeit des betreffenden Zeichens ,,innerhalb der Gesamtheit der Zeichen“ betrachten dürfen, sondern die besonderen Verhältnisse an dem jeweiligen Platz in Rechnung stellen müssen.

An dieser Stelle machen wir einen für die Informationstheorie (und Wahrscheinlichkeitstheorie) kennzeichnenden gedanklichen Schritt: Wir ersetzen den Begriff der Häufigkeit durch den der Wahrscheinlichkeit. Wir formulieren das eben Abgeleitete folgendermaßen: Der Informationsgehalt eines einzelnen Zeichens bemißt sich nach der Wahrscheinlichkeit, mit der sein Auftreten zu dem betrachteten Zeitpunkt an dem betrachteten Ort zu erwarten ist (bzw. zu erwarten war). Dies dürfen wir, weil Wahrscheinlichkeiten im gegenständlichen Bereich sowieso aus nichts anderem als den bisher beobachteten Häufigkeiten herzuleiten sind. Zahlenmäßig gesehen, bzw. mathematisch handelt es sich also um genau das gleiche, wenn wir von Häufigkeiten oder von Wahrscheinlichkeiten sprechen. Hiernach wäre der gedankliche Schritt von einem zum anderen Begriff eigentlich gar nicht notwendig; aus folgendem Grund empfiehlt er sich aber gerade an dieser Stelle der Überlegungen: Wir haben es bei Zwischensymboleinflüssen mit Spezial-Häufigkeiten für jeden einzelnen Platz innerhalb der sprachlichen Texte zu tun; dies würde die Formulierung der allgemeinen Gesetzlichkeiten mit Hilfe des Häufigkeitsbegriffs sehr umständlich machen, während man bei Verwendung des Wahrscheinlichkeitsbegriffs die Sonderbedingungen nicht zu erwähnen braucht. Die Vorschriften, wie die Wahrscheinlichkeiten in den vielen denkbaren Spezialfällen zu gewinnen sind, können in der allgemeinen Formulierung fehlen, ohne daß diese dadurch unvollständig wäre.

Man kann aber auch sagen, daß der Wahrscheinlichkeitsbegriff dem Sinngehalt der Informationsübermittlung besser entspricht als der ihm mathematisch äquivalente Häufigkeitsbegriff: Der „Neuigkeitsgehalt", das Überraschende an einer Nachricht ist um so stärker, je weniger sie *zu erwarten* (= „wahrscheinlich") war, ohne daß man das Maß der Erwartung (= die „Wahrscheinlichkeit") allemal von der Häufigkeit früherer Erfahrungen herleiten könnte.

Mathematisch ändert sich durch diese Überlegungen also gar nichts – nur daß in Formel (8) der Buchstabe p nicht als Häufigkeit des Zeichens, sondern als Ausdruck für die Wahrscheinlichkeit seines Auftretens zu verstehen ist. Der größte denkbare Wert für Wahrscheinlichkeiten ist 1, der kleinste null. Wenn ein Ereignis mit absoluter Sicherheit auftritt, so hat es die Wahrscheinlichkeit $p = 1$; wenn ein Ereignis unmöglich ist, so ist $p = 0$. Dazwischen liegen alle denkbaren Werte der Wahrscheinlichkeit.

2d. Informationsgehalt der Buchstaben innerhalb der Sprache. Nach Formel (8) läßt sich der Informationsgehalt der einzelnen Buchstaben des Alphabets in der deutschen geschriebenen Sprache unter Berücksichtigung ihrer Häufigkeit errechnen. Nach ZEMANEK ergibt sich z. B. für E 2,9 *bit*, für N 3,5 *bit*, für U 5,0 *bit* und für X 15,6 *bit*. Durchschnittlich trägt ein Buchstabe innerhalb eines deutschen Textes etwa 4,1 *bit* an Information, also etwa 0,6 *bit* weniger, als ein einzelner Buchstabe bei gleicher Häufigkeit aller Buchstaben repräsentieren würde.

Der Wert von 4,1 *bit* verringert sich noch weiter, wenn die Zwischensymbol-Einflüsse innerhalb der deutschen geschriebenen Sprache eingerechnet werden. Hierfür liegt dem Autor augenblicklich (1965) noch kein errechneter Wert vor. Die englische Sprache ist jedoch bereits daraufhin ausgewertet; dort ergeben sich folgende Werte für den durchschnittlichen Informationsgehalt des einzelnen Buchstabens:

Unter Berücksichtigung allein der Anzahl der Zeichensorten nach Formel (4); sog. *Entscheidungsgehalt:*	4,70 *bit*
Dazu unter Berücksichtigung der Häufigkeiten:	4,15 *bit*
Dazu unter Berücksichtigung der Zwischensymboleinflüsse nur zwischen unmittelbar aufeinanderfolgenden Buchstaben:	3,57 *bit*
Dazu unter Berücksichtigung der Zwischensymboleinflüsse im Bereich von jeweils 8 aufeinanderfolgenden Buchstaben:	2,35 *bit*

Die Verfeinerung des Begriffs der Informationsmenge durch die Berücksichtigung der Zwischensymboleinflüsse und der Zeichenhäufigkeit hat damit gezeigt, daß der einzelne Buchstabe in der geschriebenen Sprache weniger Information trägt, als er bei Ausnutzung aller Möglichkeiten tragen könnte. Der Hauptanteil der Reduktion geht dabei zu Lasten der Zwischensymboleinflüsse.

D 3. Redundanz, geschützter Code

Aus *D2* kennen wir zwei Eigenschaften der Information: Die von einer Meldung getragene Informationsmenge ergibt sich aus der Anzahl der Alternativen, aus welcher sie eine einzelne, ausgewählte Möglichkeit darstellt; und : Information setzt voraus, daß die von der Meldung wiedergegebene Entscheidung vorher nicht bekannt war. Es gibt nun eine besondere Art von informationshaltigen Meldungen, welchen die zweite Eigenschaft zu fehlen scheint, obwohl sie unter besonderen Umständen doch für die Informationsübertragung wichtig sind. Es handelt sich um „wiederholte Information" oder *Redundanz*. Zunächst ein Beispiel, und zwar aus der Bibel:

Im Evangelium des Lucas liest man im 3. Kapitel folgenden Satz, an dem uns die darin enthaltene Zeitbestimmung interessieren soll: „Im 15. Jahr des Kaisertums des Tiberius, da Pontius Pilatus Landpfleger in Judäa war, und Herodes Tetrarch in Galiläa, und sein Bruder Philippus Tetrarch in Ituräa, und Lysanias Tetrarch zu Abilene, und da Hannas und Kaiphas Hohepriester waren, da geschah der Befehl Gottes zu Johannes ... in der Wüste..."

Von den sechs in diesem Zitat enthaltenen Zeitbestimmungen scheinen fünf unnötig zu sein; denn mit der ersten Bestimmung ist bereits eindeutig festgelegt, um welche Zeit es sich handelt. Die weiteren Zeitbestimmungen bringen nichts, was nach der ersten Zeitangabe noch unbekannt war (sofern man die übrigen Angaben nicht als Mitteilungen darüber auffaßt, wer im 15. Jahr der Regierung des Tiberius die übrigen Posten innehatte; wir betrachten das Zitat hier jedoch, wie gesagt, als reine Zeitbestimmung). Daher kommen wir zu dem Schluß: Die fünf zusätzlichen Zeitbestimmungen enthalten keine Information.

Erst recht gilt dies, wenn eine Meldung ein- oder mehrmals ohne jede Veränderung wiederholt wird: Eine wiederholte Meldung enthält keine Information, sondern „*Redundanz*". Das Wort Redundanz leitet sich aus dem Lateinischen her und bedeutet „Überfluß der Rede", „Wortschwall".

Erfahrungen aus einem anderen Bereich weisen jedoch darauf hin, daß die Wiederholung von Meldungen doch eine Rolle in der Informationsübertragung spielen kann: Wenn man ein Telegramm empfängt, welches Zahlenangaben enthält (z. B. eine Zug-Ankunftszeit), so findet man diese Zahlenangabe gewöhnlich zweimal auf dem Formular angegeben; der Abschnitt des Fernschreibstreifens, welcher die Wiederholung der Zahlenangabe trägt, ist meist am unteren Rand des Telegrammformulars aufgeklebt. Zahlenangaben in Telegrammen werden, wie man daraus entnehmen kann, gewöhnlich zweimal telegraphiert. Dabei trägt die zweite Zahlenangabe keine neue Information. Warum wird sie trotzdem durchgegeben? Und warum werden gerade Zahlenangaben, nicht aber Worte wiederholt?

Die Antwort auf diese beiden Fragen lautet: Die Wiederholung der Zahlenangaben geschieht zur Sicherung gegen Übertragungsfehler, gegen „Störungen". Zahlenangaben sind gegen Übertragungsfehler viel empfindlicher als Worte. Wird innerhalb eines Wortes ein Buchstabe verändert, so wird nur selten ein anderes Wort entstehen, das innerhalb des Textes sinnvoll ist und dem Text einen anderen Sinn gibt. Es ist sogar schwer, überhaupt Beispiele für diese Möglichkeit zu bilden (ein für solche Verwechselungen „anfälliges" Wortpaar wäre das der Monate Juni und Juli). – Eine einzige in einer Zahlenangabe veränderte Ziffer ändert jedoch die übertragene Information grundlegend, ohne daß man es der neuen Zahl ansehen könnte, daß sie fehlerhaft ist! Man kann sich leicht ausmalen, was für Konsequenzen ein Fehler in einer einzigen Ziffer innerhalb einer Zug-Abfahrtszeit haben kann.

Es gibt nun zwei Möglichkeiten, um die Gefahr für solche Fehlmeldungen zu verringern: Die eine besteht darin, die Übertragungstechnik zu verbessern. Dies kann aber mit ungeheuren Kosten verbunden sein, besonders bei Verbindungen zwischen verschiedenen Erdteilen. Viel einfacher ist die zweite Möglichkeit: Störanfällige Meldungen zu wiederholen! Sind dann beide empfangenen Meldungen genau gleich, so ist die Wahrscheinlichkeit dafür, daß die Übertragung fehlerlos war, außerordentlich groß; sind sie unterschiedlich, so erkennt man daran, daß in einer der beiden Angaben ein Fehler stecken muß, und man fordert vom Sender die nochmalige Wiederholung.

Diese Methode versagt nur dann, wenn einmal zufällig in beiden Übertragungen der gleiche Fehler vorgekommen ist. Die Wahrscheinlichkeit hierfür ist aber verschwindend gering. Legen wir zugrunde, daß jede hundertste Ziffer fehlerhaft ist, so steckt in einer vierstelligen Zahl z. B. einer Zeitangabe, mit einer Wahrscheinlichkeit von 0,04 oder 4% ein Fehler; die Wahrscheinlichkeit dafür, daß in *beiden* Zahlenangaben je ein Fehler steckt, ist dann $0{,}04^2$, also 0,0016 bzw. 0,16%. Um Größenordnungen geringer ist dann noch die Wahrscheinlichkeit, daß in beiden Angaben zufällig der *gleiche* Fehler steckt.

Durch Wiederholung von Meldungen sichert man sich also gegen Fehler in der Übertragung von Information. Man verwendet, mit anderen Worten, Redundanz als Mittel gegen die Störanfälligkeit der Übertragung. Redundanz enthält somit keine Information, solange die Übertragung einwandfrei funktioniert; Redundanz wird aber zur Information, wenn die Übertragung gestört ist. Wir können daher sagen: Redundanz ist wiederholte Information und damit gleichzeitig *potentielle Information* (d. h. „Information der Möglichkeit nach") im Fall gestörter Übertragung.

Eine „gestörte Übertragung" im Sinne der Informationstheorie liegt auch beim Lernen der Tiere und des Menschen vor: Wissensstoffe müssen meist mehrfach wiederholt ins Gehirn übertragen werden, bevor sie dort haften bleiben. Auch hier spielt daher Redundanz eine nützliche Rolle.

Wir kehren zur Frage zurück: Warum kann man in der Übertragung von Sprache ohne Redundanz auskommen? Wie kommt es, daß man in ihr fast alle Fehler erkennen kann, ohne daß man es nötig hat, sie mit wiederholt übertragenen Meldungen zu vergleichen? Die Antwort lautet: Die Sprache enthält bereits von sich aus viel Redundanz. Doch offenbart sich diese nicht in der Form von Wiederholungen, sondern in Gestalt von Buchstaben und Wörtern, die infolge von Zwischensymboleinflüssen wenig oder gar keine neue Information tragen.

Nehmen wir an, ein Telegrammtext bestehe aus dem Imperativ „Komme" und einem zweiten Wort aus 4 bis 6 Buchstaben, so kommen für dieses von vornherein nur wenige Wörter in Frage: bitte, bald, heute, morgen, nicht usw. Wir wollen nun einmal voraussetzen, mit diesen fünf Wörtern seien tatsächlich alle Möglichkeiten für einen sinnvoll zusammenhängenden Text erschöpft. Dann würde es zur Informationsübertragung stets genügen, nur die ersten beiden Buchstaben jedes dieser Wörter zu senden; die folgenden verstehen sich dann von selbst. Demnach bestätigen und wiederholen die übrigen Buchstaben die Information der ersten beiden Buchstaben. Die in ihnen formal enthaltene Informationsmenge hat den Charakter von Redundanz, aber nicht wie oben infolge „wörtlicher" Wiederholung, sondern weil sie durch Zwischensymboleinflüsse gesetzmäßig mit den ersten Buchstaben verknüpft sind. Daher können sie unter den obigen Voraussetzungen auch allein die Information überliefern, wenn man beispielsweise die ersten beiden Buchstaben fortfallen läßt!

Meldungen sind also nicht nur dann redundant, wenn sie „wörtliche" Wiederholungen enthalten, sondern auch, wenn die Zeichen, aus denen sie zusammengesetzt sind, durch Zwischensymboleinflüsse miteinander verknüpft sind. Mit dieser Aussage sind die Überlegungen des Abschnitts *D2* folgendermaßen ergänzt worden: Dort haben wir hergeleitet, daß in einem aus Worten bestehenden Text weniger Information, gemessen in *bit*, enthalten ist, als man ohne Berücksichtigung der Buchstabenhäufigkeiten und Zwischensymboleinflüsse aus der Anzahl der Buchstaben und der Textlänge errechnen würde. Jetzt können wir formulieren, daß der Maximalwert der „Informationskapazität" einer Buchstabenfolge zum Teil von Information und zum anderen Teil von Redundanz bestritten wird, und daß die Redundanz im Fall gestörter Übertragung einen Informationsverlust verhindern bzw. ausgleichen kann.

Jetzt ist noch ein Unterschied zwischen den beiden Arten von Redundanz – derjenigen durch Wiederholung und derjenigen auf Grund von Zwischensymboleinflüssen – aufzuklären, nämlich die verschiedene Art und Weise, in der man in der empfangenen Meldung einen Fehler entdecken und notfalls korrigieren kann: Im Fall der wiederholten Meldungen hat man darauf zu achten, daß die Meldung und ihre Wiederholungen identisch sind; Unterschiede deuten auf Fehler hin. Im Fall des sprachlichen Textes deuten sich dagegen Fehler dadurch an, daß *sinnlose Wörter* entstehen. Man kann aus ihnen den richtigen Text wiederherstellen, indem man dasjenige der in Frage kommenden sinnvollen Wörter aufsucht, das dem sinnlosen Wort am ähnlichsten ist, m. a. W., zu dem man mit der geringsten Anzahl von ändernden Schritten hingelangen kann. Bleiben wir bei dem vorgenannten Beispiel des Telegramms aus zwei Wörtern: „Komme ...“ und nehmen an, es sei in der folgenden fehlerhaften Form empfangen worden: „Komme bicht“, so kommt unter den denkbaren „zweiten Wörtern“ – bitte, bald, heute, morgen, nicht usw. – trotz der ersten Buchstaben „bi“, die auch dem Wort „bitte“ eigen sind, doch nur das fünfte von ihnen, nämlich „nicht“ in Frage. Zu diesem verwandelt sich das sinnlose Wort nämlich in *einem* Schritt, zum ersten aber nur in *drei* Schritten; und daß drei Fehler innerhalb eines Wortes vorgekommen sein sollten, die noch dazu das sinnlose Wort ausgerechnet einem anderen Wort ähnlicher gemacht hätten, als aus dem es entstanden ist, das ist zwar nicht undenkbar, aber doch ganz außerordentlich unwahrscheinlich.

Was bedeutet nun in der Informationstheorie der Begriff „sinnloses Wort“? Die Antwort lautet: Es handelt sich dabei um Zeichenfolgen, welche nicht den in der deutschen Sprache vorliegenden Regeln über Zwischensymboleinflüsse entsprechen. Wo Zwischensymboleinflüsse herrschen, ist ja die Freiheit für die Zusammensetzung der Meldungen eingeschränkt, d. h. es gibt zugelassene und nicht zugelassene Zeichenfolgen; die letzteren sind die „sinnlosen“. Stellt man sich eine Zusammenstellung aller denkbaren Buchstabenfolgen vor – (eine Zeile daraus würde z. B. lauten aicht, bicht, cicht, dicht, eicht, ficht, gicht, hicht, iicht ...) – so stehen dort sinnvolle und sinnlose Wörter nebeneinander. Die Möglichkeit der Korrektur beruht nun einfach darauf, daß Übertragungsfehler mit großer Wahrscheinlichkeit zu – zumindest in dem jeweiligen Sinnzusammenhang – nicht zugelassenen Wörtern führen. Damit ist dann bereits für den Empfänger signalisiert, wo ein Fehler stecken muß. Ob man einen Fehler korrigieren kann, hängt dann nur noch davon ab, ob die „Entfernungen“ (gemessen in Veränderungsschritten) zu den in Frage kommenden „richtigen“ Wörtern verschieden groß sind. Das war beim obigen Beispiel („bicht“) der Fall. Weil nämlich „bitte“ und „nicht“

nur durch *vier* Änderungsschritte ineinander übergehen können, also vier Schritte „voneinander entfernt" sind, kann ein einziger Fehler niemals so weit führen, daß das fehlerhafte Wort dem „falschen Wort" ähnlicher wird als dem, aus dem es entstanden ist.

Eine Zeichensprache, in der zwischen je zwei zugelassenen „Wörtern" mindestens drei Änderungsschritte liegen, nennt man einen *geschützten Code*. Wenn in einem empfangenen Telegramm „Jumi" oder „Judi" zu lesen ist, ist guter Rat teuer, weil „Juni" und „Juli" gleich weit davon entfernt sind; dies ist eines der wenigen Beispiele, in welchem ein deutscher Klartext *kein* „geschützter Code" ist, weil zwischen den beiden Monatsnamen nur *ein* Änderungsschritt liegt.

Jetzt verstehen wir auch, warum verschlüsselte („codierte") Telegramme teurer sind als solche in „Klartext": In verschlüsselten Telegrammen kann entweder ein Code (Zeichensprache) ohne jede Redundanz vorliegen, oder – falls das nicht der Fall ist – sind dem Übermittler der Nachricht die Zwischensymboleinflüsse unbekannt, und damit ist für ihn die Unterscheidung zwischen sinnvollen und sinnlosen Worten und damit zwischen richtiger und falscher Übertragung in dem empfangenen Text unmöglich. Daher muß man bei der Übertragung auf größere Sicherheit bedacht sein, z. B. durch Wiederholung, und das kostet mit Recht Geld.

D 4. „Rauschen" (noise) als Gegenspieler der Information

Befindet man sich in einem Raum zusammen mit vielen Menschen, die sich unterhalten, so kann man den eigenen Gesprächspartner, wenn dieser laut genug spricht, noch gut verstehen. Läßt er seine Stimme jedoch leiser und leiser werden, so sinkt die Verständlichkeit schnell und geht schließlich verloren. Das liegt nicht daran, daß die Schallwellen des Gesprächspartners dann etwa nicht mehr am Ohr des Empfängers einträfen; denn, würden alle anderen Menschen im Raum plötzlich schweigen, so wäre die leise Stimme des Partners wieder gut zu verstehen. Es ist vielmehr so, daß sich die Schallwellen der anderen Sprecher zu denjenigen des Gesprächspartners hinzumischen; der Empfänger vermag dann aus dem empfangenen Gemisch nicht mehr die Information „herauszuhören". Die „Störung", obwohl selbst, formal gesehen, auch „Information" enthaltend, tritt hier also in Gegensatz zur übertragenen Information und verhindert zwar nicht deren Empfang, aber ihre Erkennung und Auswertung.

Die Frage: „Auf welche Weise macht man eine Nachrichtenübertragung möglichst unempfindlich gegen Störungen?" ist daher ein Grundproblem der Informationstheorie. In Abb. *73,1* ist die Situation graphisch dargestellt: In die zwischen Sender und Empfänger ausgespannte Nachrichtenverbindung fließen von „Störsendern“ Störungen ein. Soll der Empfänger trotzdem die unverfälschte, klare Nachricht erhalten, so ist ein Aufnahme-Gerät erforderlich, das nur die Information hindurchläßt, die Störungen aber ausfiltert.

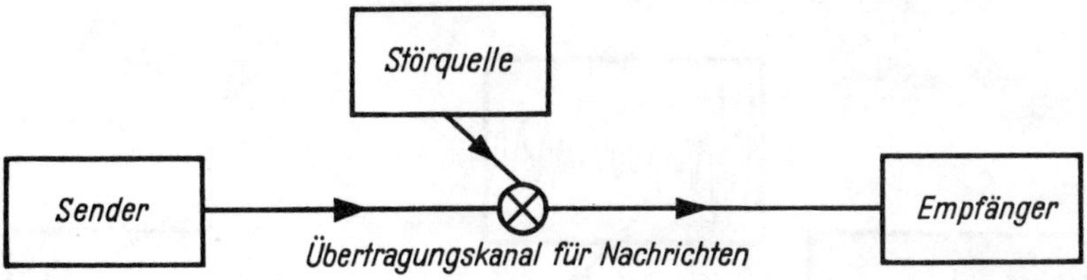

73,1. Schema für die Beziehung zwischen Informationsübertragung und Störung.

In der Nachrichtenübertragung haben Störungen meist eine solche Form, daß man sie, sofern sie sich in Schallwellen ausprägen, als Geräusch oder als „Rauschen“ empfindet. Beispiele hierfür sind Rundfunkübertragungen von entfernten Sendern, bei welchen die Übertragung von einem lauten Rauschen begleitet oder gar zugedeckt sein kann. Der begriffliche Gegensatz zum „Rauschen“ ist der „reine Ton“. Rauschen beruht auf einer regellosen Luftschwingung. Mathematisch kann man eine regellose Schwingung dadurch hervorbringen, daß man reine Schwingungen vieler Frequenzen mischt und einander überlagert. Ein Rauschen, das in diesem Sinne aus den Schwingungen *sämtlicher* Tonfrequenzen zusammengesetzt ist, bezeichnet man als „weißes Rauschen“ – in Analogie dazu, daß die Mischung aller Wellenlängen (Frequenzen) des sichtbaren Lichtes die Empfindung „weiß“ hervorruft. Das englische Fachwort für „Rauschen“ im hier verwendeten Sinne ist *noise* (Geräusch, Lärm). – Da nun das Rauschen die häufigste und allgemeinste Art von Störungen für die Informationsübertragung darstellt, formuliert man die zu Anfang dieses Abschnitts gestellte Frage meist folgendermaßen: Auf welche Weise macht man eine Nachrichtenübertragung möglichst unempfindlich gegen Störungen durch Rauschen?

Zunächst möchte man meinen, eine Trennung von Information und Störung sei, nachdem diese sich einmal überlagert haben, prinzipiell unmöglich. Abb. *74,1* veranschaulicht den Gedankengang, der zu dieser Folgerung zu führen scheint: Eine elektrische Schwingung, welche in einem Mikrophon durch die Schallwellen aus dem Mund eines Sprechers entstanden ist und die zu übermittelnde Information in sich trägt, wird während ihrer Übertragung von einer Störung überlagert. Das Ergebnis ist eine Luftschwingung neuer Form. Dem Empfänger steht nichts als dieses Überlagerungsergebnis zur Verfügung. Wo sollte er ansetzen, um in dieser Schwingung Information und Störung zu unterscheiden? Wenn er von einer der beiden Komponenten unabhängige Kenntnis besäße, könnte er die andere durch Subtraktion ermitteln; aber es ist das Kennzeichen von Nachrichtenübertragungen über weite Strecken, daß eine solche unabhängige Kenntnis nicht vorliegt.

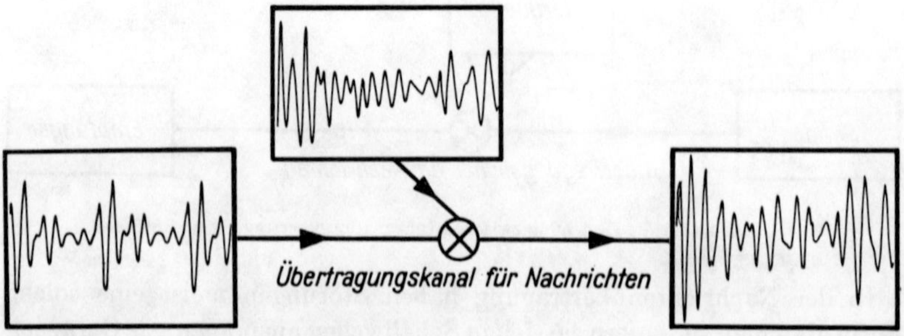

74,1. Beispiel für die Überlagerung einer Nachricht (links) durch eine Störung (oben). Am Überlagerungsergebnis (rechts) ist nicht mehr festzustellen, was von der Nachricht und was von der Störung herrührt. – *Nachricht:* Schallwellenzug eines gesprochenen „A"; beachte die periodische Wiederkehr gleichartiger Schwingungen. *Störung:* Geräusch einer geschüttelten, halbgefüllten Streichholzschachtel; unregelmäßigeres Kurvenbild (aber kein Beispiel für „weißes Rauschen", weil nur mittlere Frequenzen im Spiel sind). Beides wurde aufgenommen mit einem Mikrophon, die Kurvenzüge auf dem Schirm eines Oszillographen beobachtet und photographiert. *Überlagerungsergebnis:* Rechnerisch gewonnen durch Addition der Amplitudenwerte der beiden Kurven und danach gezeichnet.

Obwohl dieser Gedankengang richtig ist, gibt es doch ein Mittel, um Information nach ihrer Übertragung von überlagerten Störungen wieder zu befreien, sie also wiederherzustellen (zu „regenerieren"): Dies geschieht durch Verwendung eines geschützten Code, also mit Hilfe von Redundanz. In der Technik geht man folgendermaßen vor: Man verschafft sich die Kenntnis darüber, wie groß die Störungen sind, welche die Information verfälschen könnten. Dann wandelt man vor der Sendung die Information in Einzelsymbole um, die nur ganz bestimmte normierte Beträge annehmen, und zwischen diesen Beträgen muß ein Unterschied bestehen, der mehr als doppelt so groß wie die größte mögliche Störung ist. Dann ist der Code geschützt; denn jetzt kann an der Empfängerseite ein Gerät eingesetzt werden, das sämtliche empfangenen Einzelzeichen derart nach unten oder oben hin abrundet, daß nur Zeichen der normierten Größen entstehen. Diese normierten Zeichen gleichen dann mit voller Sicherheit den abgesendeten Zeichen; denn die Abweichungen nach oben oder unten, die an der Empfängerseite beseitigt wurden, können nur Störungen gewesen sein, weil ja vom Sender nur normierte Zeichen abgesandt wurden. Dieses System würde natürlich seine Aufgabe nicht erfüllen, wenn Störungen so stark sein könnten, daß sie durch ihre Überlagerung ein abgesendetes Zeichen seinem Nachbarzeichen stärker annäherten, als die Entfernung zum ursprünglichen Zeichen beträgt; dies wird aber von vornherein dadurch vermieden, daß der Abstand zwischen den normierten Zeichen größer gewählt wird als die zweifache größtmögliche Störung. – Ein wohlbekanntes, nach diesen Prinzipien arbeitendes System ist die sog. *Puls-Code-Modulation*.

Doch ist das „Schützen“ des Codes durch einen Verzicht an Informationsübermittlung erkauft. Bei der Sprache lag ein solcher Verzicht darin, daß viele Buchstaben infolge von *Zwischensymboleinflüssen* weniger oder gar keine Information trugen; beim Übertragen eines nicht geschützten Codes (z. B. Zahlenangaben) mußte für die *Wiederholungen* „Informationskapazität“ geopfert werden, um Fehler zu vermeiden. Bei dem beschriebenen Normier-Verfahren liegt der Verlust in der Beschränkung auf wenige normierte Übertragungswerte. Hierdurch ist die Anzahl der Zeichenarten verringert; die Genauigkeit der Übertragung ist herabgesetzt, denn die Anzahl der Nuancen, die übertragen werden können, ist reduziert.

Störungen sind also in jedem Fall die Gegenspieler der Information. Es bleibt nur die Wahl, ihren Einfluß und damit ihre Unberechenbarkeit hinzunehmen oder für ihre Verminderung oder Ausschaltung einen Teil der Informationskapazität zu opfern.

D 5. Der genetische Code

Die in den vorigen Abschnitten entwickelten Begriffe und Kenntnisse über die Informationsübertragung helfen uns beim Verständnis dreier Lebenserscheinungen: Der Steuerwirkung der Erbanlagen, der Erregungsübertragung in der Nervenfaser und der Tätigkeit der Hormone.

Die Chromosomen im Zellkern enthalten bekanntlich die Erbanlagen des Organismus, und entsprechend diesen Erbanlagen entwickelt sich das Lebewesen aus der Eizelle bis zum fertigen Organismus. Es besteht damit ein Informationszusammenhang zwischen den Erbanlagen einerseits und der Gestalt des fertigen Organismus andererseits. Nun sind aber die Erbanlagen innerhalb der Chromosomen in einer Art Zeichensprache, dem „genetischen Code“ niedergelegt. Es fragt sich daher, auf welche Weise die in einer „Zeichensprache“ niedergelegte genetische Information in die Gestaltwerdung des sich entwickelnden Organismus übersetzt wird. Erst ein Teilaspekt dieser Frage läßt sich heute beantworten.

Die Substanz innerhalb des Zellkerns und innerhalb der Chromosomen, welche die Erbanlagen in sich trägt, besteht aus den chemischen Elementen Kohlenstoff (C), Wasserstoff (H), Sauerstoff (O), Phosphor (P) und Stickstoff (N). Die Atome dieser Elemente sind auf komplizierte Weise zu Molekülen verbunden *[76,1]*. Vor wenigen Jahren ist es erstmalig gelungen, Moleküle der Erbsubstanz mit Hilfe des Elektronenmikroskops zu erkennen und gewaltig vergrößert zu photographieren (Tafel 1). Wie die Abbildung zeigt, ist das Molekül langgestreckt und fadenförmig. Aus chemischen und physikalischen Untersuchungen weiß man, daß jedes der fadenförmigen Moleküle aus zwei Einzelsträngen besteht, die

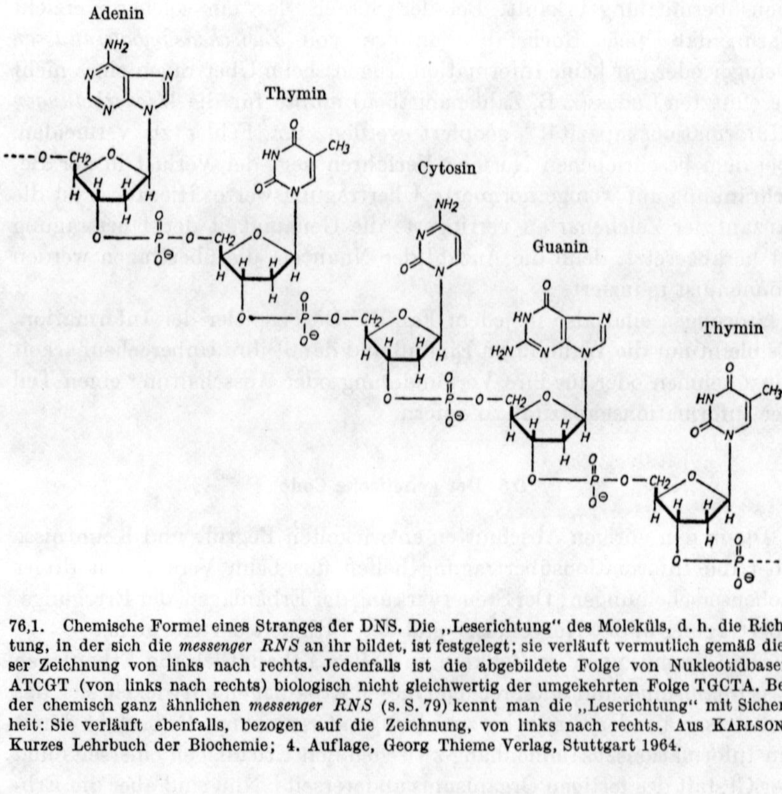

76,1. Chemische Formel eines Stranges der DNS. Die „Leserichtung" des Moleküls, d. h. die Richtung, in der sich die *messenger RNS* an ihr bildet, ist festgelegt; sie verläuft vermutlich gemäß dieser Zeichnung von links nach rechts. Jedenfalls ist die abgebildete Folge von Nukleotidbasen ATCGT (von links nach rechts) biologisch nicht gleichwertig der umgekehrten Folge TGCTA. Bei der chemisch ganz ähnlichen *messenger RNS* (s. S. 79) kennt man die „Leserichtung" mit Sicherheit: Sie verläuft ebenfalls, bezogen auf die Zeichnung, von links nach rechts. Aus KARLSON: Kurzes Lehrbuch der Biochemie; 4. Auflage, Georg Thieme Verlag, Stuttgart 1964.

in der Form eines Doppelwendels umeinander gewunden sind (Tafel 2 und Abb. *77,1*). Jeder Einzelstrang besteht aus miteinander verbundenen Molekülen der Phosphorsäure H_3PO_4 und einer Zucker-Art (Ribose), die regelmäßig miteinander abwechseln *[76,1]*. An jedem Zuckermolekül sitzt seitlich – also nicht als verbindendes Glied innerhalb des Fadens – ein basisches Molekül. Von diesen Basen kommen 4 Arten vor, die nach ihren chemischen Namen (Adenin, Thymin, Guanin, Cytosin) mit den Buchstaben A, T, G und C gekennzeichnet werden.

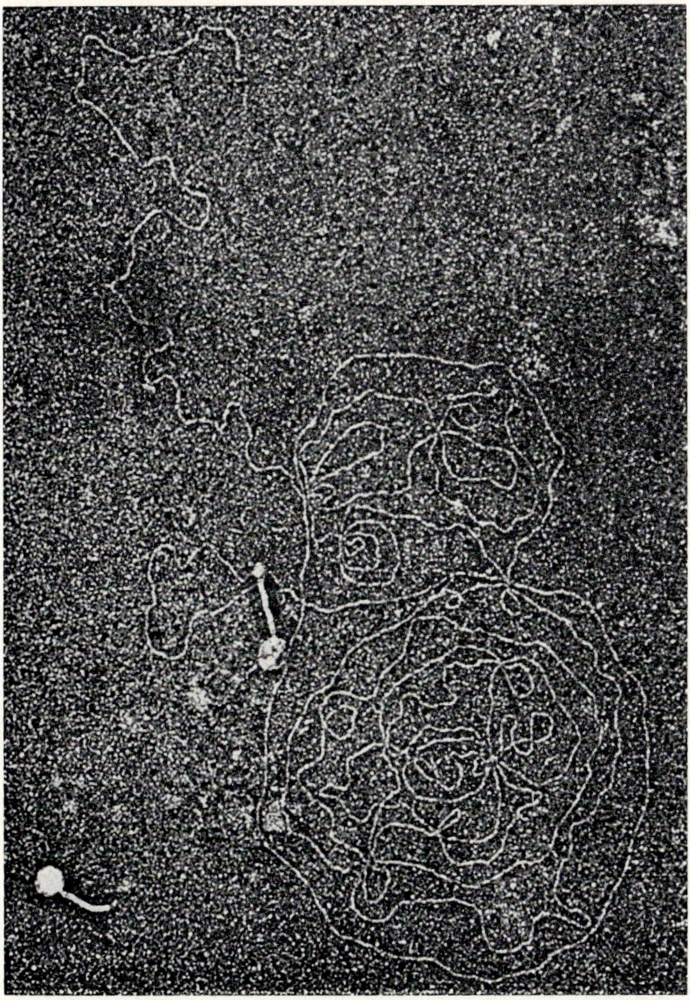

Tafel 1. Elektronenmikroskopische Aufnahme eines DNS-Moleküls. Es ist als langer Faden aus dem Inneren eines Bakteriophagen (Typ T5) ausgestoßen worden. Links unten ein Phagenteilchen, dessen Kopf noch prall mit dem aufgeknäuelten Faden gefüllt ist. Vergr. etwa 44000fach. Aufnahme W. WEIDEL. Titelbild des Heftes 10 der Naturwissenschaftlichen Rundschau Jahrgang 17 (1964). Aus W. WEIDEL: Virus und Molekularbiologie. Springer-Verlag 1964. Dort nähere Erläuterungen.

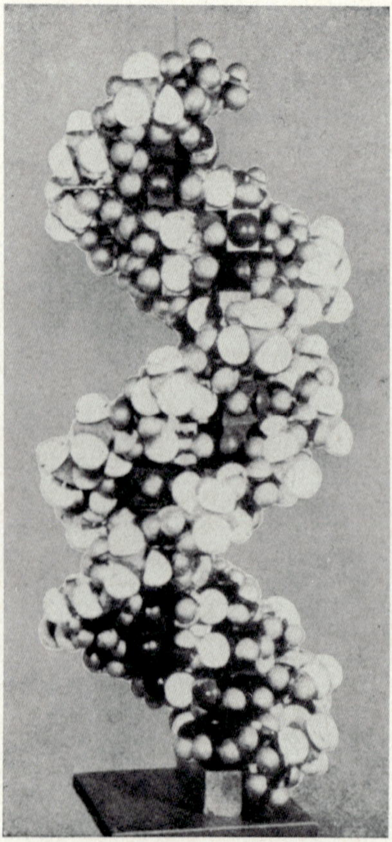

Tafel 2. Modell eines Teilstücks eines DNS-Moleküls. Vergrößerung etwa $2 \cdot 10^7$fach. Die Atome sind als Halbkugeln („Kalotten“) dargestellt. Der Kugeldurchmesser entspricht demjenigen ihrer äußeren Elektronenschale. Diese Darstellungsweise ist sinnvoll, weil Atome, sofern sie nicht chemisch aneinander gebunden sind, einander nur etwa so nahekommen können, bis sich ihre äußeren Elektronenschalen berühren. Man erkennt den schraubigen Aufbau des Moleküls. Die großen weißen Halbkugeln stellen Sauerstoff-Atome dar; die außen an den „Rippen“ des Doppelwendels befindlichen auffälligen Gruppen aus 3 O-Atomen und einem zentralen P-Atom sind die Phosphorsäure-Gruppen. Zwischen je zwei von ihnen ist eine Gruppe aus zwei kleineren Kalotten an einem schwarzgetönten Zentrum zu erkennen; dies ist jeweils die CH_2-Gruppe zwischen dem Ring des Zuckers und der Phosphorsäure. Aus W. G. Overend und A. R. Peacocke: Die molekulare Grundlage der Vererbung Endeavour 14, 90-98, 1975.

Die beiden fadenförmigen Teilmoleküle, welche das Gesamtmolekül bilden, sind so gelagert, daß die basischen Anteile A, T, G und C immer nach innen gegen die gedachte Achse des Doppelwendels gerichtet sind. Dabei steht einem A des einen Strangs stets ein T des anderen Strangs gegenüber und ebenso einem G des einen stets ein C des anderen *[78,1]*. Die einander gegenüberliegenden A und T bzw. G und C verbinden sich

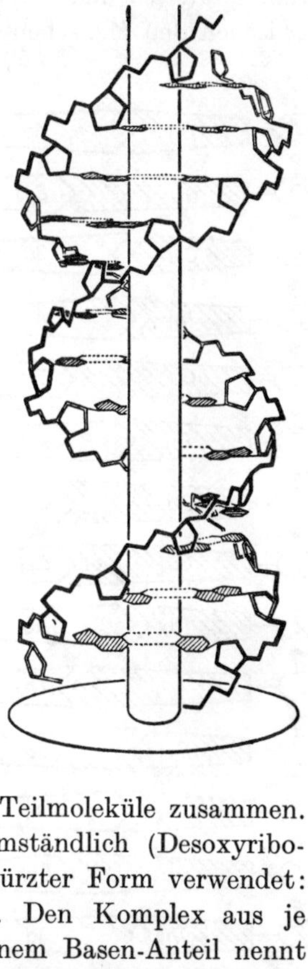

77,1. „Skelett" eines Stückes eines DNS-Moleküls. Dargestellt sind nicht wie in Tafel 2 die Atome mit ihren Elektronenhüllen, sondern die geraden Verbindungslinien zwischen den Kernen derjenigen Atome, die durch chemische Kräfte zusammengehalten werden. Hier erkennt man die innere Architektur: Einen Doppelwendel aus 2 Strängen, innerhalb der Stränge die Ringe der Desoxyribose, zwischen den Strängen Wasserstoffbrücken (punktiert), welche die basischen Anteile (schraffierte Platten) der beiden Stränge miteinander verbinden und dadurch die Stränge zusammenhalten. Nach WATSON und CRICK. Aus A. KÜHN: Grundriß der Vererbungslehre, Quelle & Meyer, Heidelberg.

locker miteinander und halten so die beiden Teilmoleküle zusammen. Der chemische Name der *Erbsubstanz* ist umständlich (Desoxyribonukleinsäure) und wird daher meist in abgekürzter Form verwendet: DNS, englisch DNA (desoxyribonucleic acid). Den Komplex aus je einem Phosphorsäure-, einem Zucker- und einem Basen-Anteil nennt man „*Nucleotid*". Man spricht demgemäß auch von „4 verschiedenen Nucleotiden", die die DNS zusammensetzen, obwohl daran nur die Basen unterschiedlich sind.

So verwickelt der chemische Aufbau der DNS-Moleküle nun auch zu sein scheint, so monoton und gleichmäßig wiederholt er sich doch im Verlauf des ganzen Moleküls in seiner Längserstreckung: Nach fester Regel folgen gleichartige Glieder (Phosphorsäure und Zucker) innerhalb der Kette aufeinander; und nur die vier verschiedenartigen basischen

Gruppen kommen in den Seitengliedern vor. Wie können in einem solchen Molekül Erbanlagen niedergelegt sein? Es gibt nur eine Möglichkeit: In der *Reihenfolge* (Fachausdruck: *Sequenz*) *der Nucleotide*, d.h. der basischen Anteile A, T, G und C. Es ist eine der eigenartigsten und erregendsten Tatsachen des Lebensgeschehens, daß die unermeßliche Verschiedenheit der erblichen Eigenschaften von Menschen, Tieren, Pflanzen, Bakterien und Viren, und daß auch die erbliche Verschiedenheit zwischen den Menschen verschiedener Rassen und der Individuen der gleichen Rassen allein auf Unterschieden in der Reihenfolge von A, T, G und C in der Erbsubstanz beruht, und daß es diese Reihenfolge ist, die bestimmt, welche Eigenschaften sich während der Entwicklung des Organismus ausbilden.

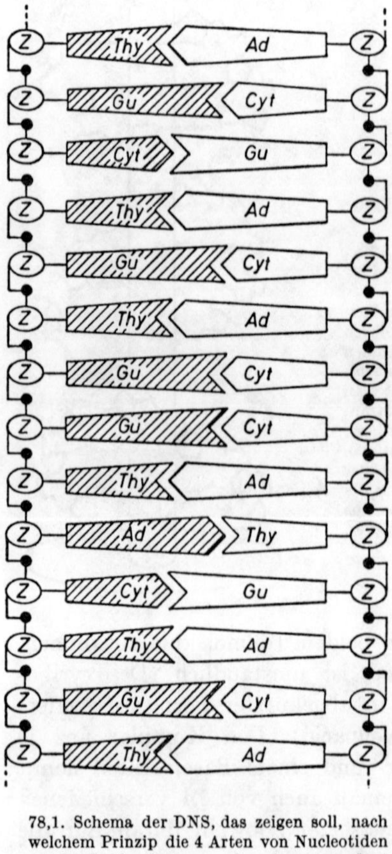

78,1. Schema der DNS, das zeigen soll, nach welchem Prinzip die 4 Arten von Nucleotiden auf den beiden Strängen einander zugeordnet sind. Man kann sich die Entstehung des Schemas so vorstellen, daß der Doppelwendel *[77,1]* entgegen seiner Schraubenrichtung aufgedreht wurde, bis beide Stränge parallel lagen. Z = Zucker; schwarze Scheibchen = Phosphorsäure-Reste. Aus KARLSON: Kurzes Lehrbuch der Biochemie, 4. Aufl., Georg Thieme Verlag, Stuttgart 1964.

Der Informationszusammenhang zwischen der Nucleotidsequenz in der DNS einerseits und den Eigenschaften des fertigen Organismus andererseits verläuft nun nicht unmittelbar von der Informationsquelle DNS zu den fertigen Merkmalen des Organismus, sondern in ihn sind Zwischenstufen eingeschaltet. Davon ist heute nur der erste Schritt einer biologisch-kybernetischen Betrachtung zugänglich. Dieser erste Schritt besteht darin, daß die DNS den Aufbau (die Synthese) von *Eiweißstoffen (Proteinen)* steuert. Die Eiweißkörper stellen sowohl die wesentlichen Baustoffe dar, aus denen die Organismen bestehen (beinahe die einzige Ausnahme bei höheren Tieren ist die Hartsubstanz der Knochen, ein Mineralstoff aus Phosphor und Kalk), als auch „chemische Werkzeuge" des Organismus, wie z.B. die Verdauungsfermente, durch deren Wirkung sich die Nahrungsstoffe im Darm in kleinere Bestandteile zerteilen. Eiweißstoffe haben eine ganz andere Zusammensetzung als DNS. Sie bestehen aus den Elementen C, H, O, N und S. Ihre Moleküle sind fadenförmig wie die der DNS; doch bestehen sie nur aus einem einzelnen Strang. Dieser Strang besteht aus hintereinandergeschalteten Gliedern; von diesen gibt es nicht nur (wie bei der DNS) vier, sondern (nach unseren heutigen Kenntnissen) zwanzig verschiedene. Chemisch gehören die Glieder innerhalb der Eiweißkette zu den sog. *Aminosäuren.*

Die meisten Proteine innerhalb der Organismen sind aus folgenden Aminosäuren zusammengesetzt: Alanin (Ala), Arginin (Arg), Asparaginsäure (Asp), Asparagin (Asp-NH_2), Cystein (Cys), Glutaminsäure (Glu), Glutamin (Glu-NH_2), Glycin (= Glycocoll, Gly), Histidin (His), Isoleucin (Ileu), Leucin (Leu), Lysin (Lys), Methionin (Met), Phenylalanin (Phe), Prolin (Pro), Serin (Ser), Threonin (Thr), Tryptophan (Try), Tyrosin (Tyr), Valin (Val).

Der erste Schritt innerhalb des Informationszusammenhangs zwischen der DNS und den Merkmalen des fertigen Organismus besteht nun darin, daß die Reihenfolge der *Basen* auf der *DNS* die Reihenfolge der *Aminosäuren* innerhalb der aufzubauenden *Eiweißstoffe* bestimmt. (Es soll uns hier nicht beschäftigen, daß dabei noch ein Zwischenträger, die „*messenger RNS*“ im Spiel ist). Hier erhebt sich die Frage: Wie viele Nucleotide sind jeweils notwendig, um den Einbau einer einzelnen bestimmten Aminosäure innerhalb eines Eiweiß-Kettenmoleküls festzulegen?

Da es 4 verschiedene Nucleotide gibt, könnte durch diese der Einbau von 4 verschiedenen Aminosäuren bestimmt werden, also beispielsweise A → Ala, T → Arg, G → Asp, C → Asp-NH_2. Für die übrigen Aminosäuren bliebe dann aber kein bestimmendes Nucleotid übrig. Ein einzelnes Nucleotid reicht also nicht zur Steuerung des Aminosäuren-Einbaus aus. Wären pro Aminosäure *zwei* Nucleotide verwendet (z. B. AA → Ala, AT → Arg usw.), so könnten auf diese Weise 16 verschiedene Aminosäuren an ihre Plätze dirigiert werden; aber auch dies reicht nicht aus, weil es ja 20 verschiedene Aminosäuren sind, welche die wichtigsten Eiweißverbindungen zusammensetzen. Die Überlegung zeigt also: Erst Kombinationen von je *drei* Nucleotiden reichen hin, um die 20 verschiedenen Signale zu bilden, welche den 20 Aminosäuren entsprechen. Die biochemische Forschung hat diese Folgerung bestätigt. Sie hat bereits sämtliche Kombinationen ermittelt, z. B. UUU → Phe, UGC → Arg (hier erscheint der Buchstabe U statt T, weil es sich bei diesen Untersuchungen um den oben genannten „Zwischenträger“, die *messenger-RNS* handelt, in welcher die Base Thymin durch Uracil ersetzt ist; dieser Unterschied ist hier von geringer Wichtigkeit, weil es sich um das Prinzip der drei notwendigen Nucleotide je Aminosäure handelt).

Der soeben durchgeführte Gedankengang läßt sich nun auch mit Hilfe des Begriffs der Informationsmenge formulieren: Ein Nucleotid trägt die Informationsmenge ld 4 = 2 *[bit]*, eine Aminosäure entsprechend ld 20 = = 4,32 *[bit]*. Sollen durch die Nucleotide die Aminosäuren festgelegt werden, so müssen sie mindestens so viel Information pro „Wort" enthalten wie eine einzelne Aminosäure. Kombinationen aus 2 Nucleotiden reichen dazu nicht hin, weil sie 2 ld 4 = 4 *[bit]* Information enthalten, also immer noch weniger als 4,32 *[bit]*. Erst Dreierkombinationen enthalten mehr als 4,32 *bit*, nämlich 6 *bit*.

Diese Zahl macht uns aber darauf aufmerksam, daß Dreierkombinationen von Nucleotiden mehr Information in *bit* enthalten, als für die Bestimmung von 20 Aminosäuren notwendig wären. Es sind ja 64 Kombinationen möglich, denn 6 *bit* entsprechen $2^6 = 64$ verschiedenen Signalen. Die biochemische Forschung hat noch nicht sicher ergründet, welche Rolle die „überzähligen" Nucleotid-Tripel spielen. Auf keinen Fall reichen sie dazu hin, die Zeichensprache der Gene zu einem „geschützten Code" zu machen; hierzu wären weit mehr Kombinationen notwendig, als durch Dreierkombinationen gegeben sind. Man weiß heute, daß der Code zum Teil mehrdeutig ist, d. h. daß mehrere Nucleotidsequenzen das Signal für die gleiche Aminosäure geben; man hat hierfür den ungeschickten und mißverständlichen Ausdruck „*degenerierter Code*" eingeführt. Andererseits hat man gefunden, daß manche Nukleinsäure-„Triplets" (= Dreiergruppen), z. B. UAG und UAA, gar keiner Aminosäure entsprechen, sondern eine ganz andere Rolle spielen können: Wenn sie in einer RNS-Kette auftreten, so geht die RNS-abhängige Synthese der Eiweißmoleküle an dieser Stelle nicht weiter, sondern sie *bricht ab*. Die Codewörter UAG und UAA scheinen also eine ähnliche Bedeutung haben zu können wie der Punkt in der Buchstabenschrift: „Der Satz ist zu Ende, ein neuer Satz beginnt".

D 6. Nervenleitung

Durch die Nerven fließen in unserem Körper die verschiedenartigsten Meldungen: Wenn wir etwas sehen oder hören, so beruht dies auf Signalen, die von den Sinnesorganen durch den Seh- bzw. den Hörnerven in unser Gehirn übertragen werden. Gäbe es diese Nerven nicht, so wären wir blind und taub, auch wenn Auge und Ohr normal arbeiteten. Auch die Empfindungen des Geschmacks und Geruchs werden uns durch Nerven übermittelt, ebenso diejenigen der Gleichgewichtslage, der Temperatur, des Schmerzes usw. Aber nicht nur die Meldungen von außen nach innen, sondern auch diejenigen in der Gegenrichtung werden zum großen Teil durch Nervenbahnen übertragen: Wenn sich Muskeln zusammenziehen oder erschlaffen und dadurch eine Körperbewegung zustandekommt, so beruht dies auf Signalen, die auf Nervenbahnen vom Gehirn oder Rücken- bzw. Bauchmark zu den Muskeln geleitet wurden. Eine Ausnahme macht der Herzschlag; er wird innerhalb des Herzens selbst in Gang gesetzt; doch die Beschleunigung oder Verlangsamung des Herzschlags, also Abweichungen von seiner Normalfrequenz, werden durch Signale veranlaßt, die auf Nervenbahnen vom ZNS ins Herz gelangen. Auch manche Drüsen erhalten ihre Order auf Nervenbahnen, z. B. Tränen-, Speichel- und Schweißdrüsen. Von vielen, vielleicht sogar zahlenmäßig den meisten auf Nervenbahnen übertragenen Signalen erfährt unser Bewußtsein gar nichts, so z. B. von der Steuerung unseres Blutdrucks: Ein Sinnesorgan in der Wand unserer Halsschlagader *[81,1]*

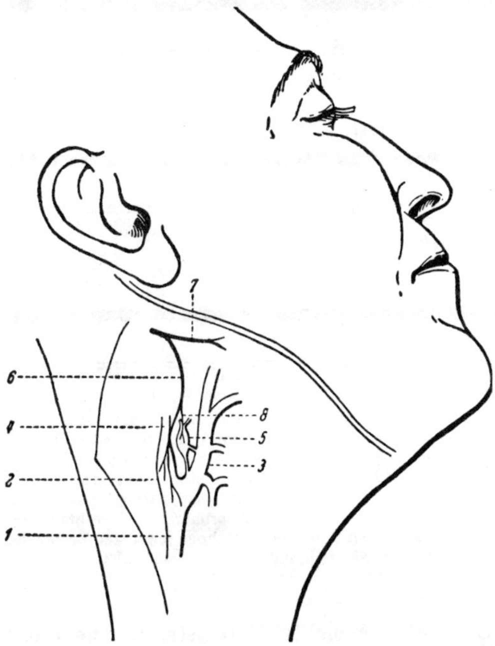

81,1. Vereinfachtes Übersichtsbild über die Sinnesendigungen im Gebiet der Halsschlagader. *1* Halsschlagader vor der Trennung in den inneren *(2,4)* und den äußeren Ast *(3)*. *2* „Bulbus" (Erweiterung) des inneren Astes. *5* Glomus caroticum, eine Abzweigung des äußeren Astes. *6* Carotissinusnerv, aus Fasern, die von der Wand des inneren Astes sowie solchen *(8)*, die von der Wand des Glomus caroticum herkommen. Die ersteren melden den Blutdruck in der Halsschlagader, indem sie die Wandspannung des Blutgefäßes registrieren; die letzteren sind chemische Sinnesendigungen und reagieren auf die CO_2-Konzentrationen im Blut, und auf etwaige O_2-Verarmung. *7* Nervus glossopharyngicus, der IX. Gehirnnerv, in den der Carotissinus-Nerv einmündet. Aus: REIN/SCHNEIDER: Physiologie des Menschen, Springer-Verlag, Heidelberg.

sendet unser Leben lang ohne jede Unterbrechung die Meldung über den Blutdruck ans Gehirn, und von dort aus werden daraufhin die Wandspannungen aller Blutgefäße – ebenfalls durch nervöse Signale – eingestellt. Dieser Regelmechanismus arbeitet ohne unser Wissen und unser Zutun.

So vielfältig und bunt also der „Inhalt" der nervösen Signale ist – von der Meldung über gesehene Farben bis zum Kommando für Körperbewegungen, von der unbewußten Blutdruckmeldung bis zur Auslösung des Augentränens, wenn ein Staubkorn ins Auge geraten ist – so eintönig ist die *Form* dieser Signale: Sämtliche uns bekannten peripheren (d. h. außerhalb des ZNS verlaufenden) Nerven sämtlicher Tiere übertragen nur eine einzige Art von Signalen: Kurze elektrische Impulse einer in engen Grenzen festgelegten Spannung.

Die Dauer eines Nervenimpulses beträgt meist 1 msec oder etwas weniger (msec = Millisekunde = Tausendstel Sekunde). Nach jedem Impuls ist die erregt gewesene Stelle der Nervenfaser eine ganz kurze Zeit (einen Bruchteil einer msec) lang unerregbar („Refraktärzeit"). Abb. *82,1*,

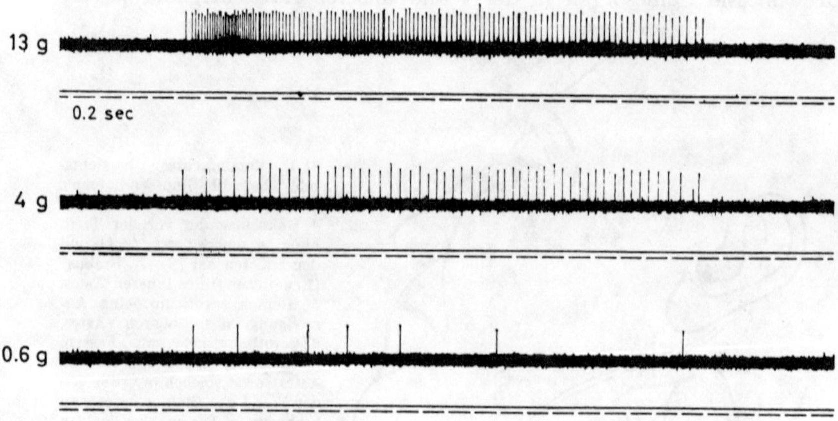

82,1. Nerven-Aktionspotentiale, abgeleitet von der Nervenfaser einer auf *Druck* reagierenden Sinneszelle der menschlichen Haut. Unterschiedlicher Druck (g = Gramm) hat verschiedene Häufigkeit (Frequenz) der Aktionspotentiale zur Folge. Zeitdauer von links nach rechts: 6 sec. Die Aktionspotentiale wurden an einer bei Bewußtsein befindlichen Versuchsperson elektrisch registriert. Die von Impuls zu Impuls etwas unterschiedlichen Impulshöhen beruhen in der Hauptsache auf unvermeidbaren, unregelmäßigen Störspannungen. Diese machen sich primär in der verbreiterten, unruhigen Grundlinie bemerkbar und überlagern sich dann auch mit ihrem jeweiligen Betrag den Aktionspotentialen. Aus Hensel und Boman, J. of Neurophysiology 23, 564–587, 1960.

83,1 und *83,2* zeigen einige Beispiele von elektrisch registrierten nervösen Signalen; sie demonstrieren die Monotonie und Gleichförmigkeit dieser Funktion, die in kaum zu übertreffendem Gegensatz zu der überschäumenden Vielfalt der Lebenserscheinungen steht, welche durch sie vermittelt und gesteuert werden. Der Biologe schließt aus dieser Gegenüberstellung: Die Form der nervösen Signale muß einen einzigartigen funktionellen Vorteil gegenüber allen anderen Übertragungsformen bieten – sonst wären sicherlich auch andere Möglichkeiten verwirklicht worden.

Zunächst einige allgemeine Fragen: Wenn Meldungen von Augen, Ohren, Geschmacks-, Geruchsorganen usw., sobald sie auf die Nerven übertragen worden sind, alle die gleiche Form haben, woran erkennt dann der Empfänger, das Gehirn, um was für Meldungen es sich handelt? Die Antwort lautet: Nicht an irgendwelchen Eigenschaften der eintreffenden Signale, sondern an der Nervenbahn, auf welcher sie eintreffen! Denn die Bahnen von allen Sinnesorganen verlaufen getrennt zu den verschiedenen Empfangs- und Verarbeitungsinstanzen im Gehirn. – Wenn dies der Fall ist – müßte sich das Gehirn dann nicht über die Art von Meldungen täuschen, falls diese auf der falschen Bahn eintreffen? Dies ist tatsächlich der Fall. Könnte man den Sehnerven mit dem Hörnerven vertauschen, so würde man „den Blitz hören und den Donner sehen" (Du Bois-Reymond).

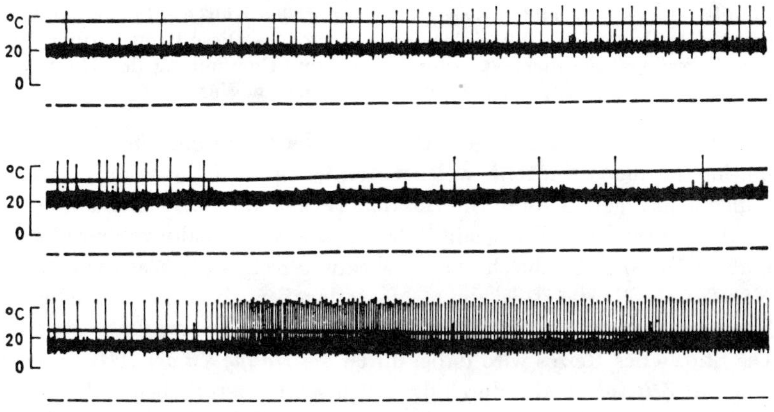

83,1. Nerven-Aktionspotentiale, abgeleitet von der Nervenfaser einer auf Kälte reagierenden Sinneszelle der menschlichen Haut.

1. Zeile: Langsame Abkühlung von 38°C auf 35°C

2. Zeile: Langsame Erwärmung von 35°C auf 38°C

3. Zeile: Schnellere Abkühlung von 24°C auf 18°C;

die vorübergehend besonders hohe Frequenz der Aktionspotentiale ist dort eine Reaktion auf den *Vorgang* der Abkühlung („Differentialquotienten-Empfindlichkeit"). Aus Hensel und Boman, wie vor.

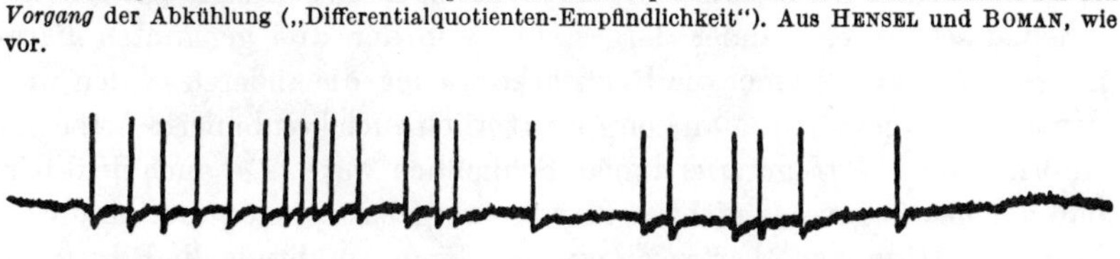

83,2. Aktionspotentiale, abgeleitet von einer Nervenfaser im Bauchmark des amerikanischen Flußkrebses. Sie meldet die Berührung und Abbiegung von Borsten an den Beinen. Zeitdauer von links nach rechts: 0,5 sec. Aus Wiersma et al., J. Cell. Comp. Physiol. 46, 307–326, 1955. – Wie der Vergleich zwischen den gezeigten Aktionspotentialen zeigt, sind sie von gleicher Art, auch wenn sie verschiedene Sinnesqualitäten melden (Druck oder Temperatur) oder von ganz verschiedenartigen Lebewesen stammen (Mensch oder Flußkrebs).

Man kann sich manchmal bei der Zahnbehandlung von der Richtigkeit der Tatsache überzeugen, daß die Meldungen einer und derselben Nervenbahn vom Gehirn stets auf gleiche Weise „gedeutet“ werden, auch wenn die Reize unterschiedlich sind: Vom Inneren der Zähne werden nur Schmerzmeldungen abgesandt; man empfindet daher, wenn man auf die vom Zahn kommenden Sinnesempfindungen achtet, die gleiche Art von (Schmerz-) Empfindungen, ob es sich nun um mechanische Reize, z. B. durch das Bohren, um Wärme- oder Kältereize durch Ausspülen oder Luftstrom oder um chemische Reize durch Desinfektionsmittel o. ä. handelt. – Auch beim Bad in der Badewanne kann man eine hierher gehörige Beobachtung machen: Durch das Verweilen im warmen Wasser ist manchmal die Wärme-Empfindung abgeschwächt. Prüft man dann etwa mit dem Fuß die Temperatur von Wasser, das aus dem Hahn tropft oder läuft, so kann man bisweilen heiß und kalt nicht unterscheiden, sondern empfindet heißes Wasser als kalt; man merkt seinen Irrtum erst, wenn einen Augenblick später die Empfindung des Schmerzes hinzutritt. Die „paradoxe“ Kältempfindung beruht darauf, daß die Kälte-Sinnesorgane der Haut durch das zu heiße Wasser gereizt werden und Nervenimpulse ans Gehirn senden. Diese werden dort als Kältemeldungen empfangen und auch vom Bewußtsein so „ausgewertet“. – Diese Beobachtung kann man allerdings nur machen, wenn die Wärme-Empfindung der Haut, wie oben angedeutet, durch das Verweilen im warmen Wasser abgestumpft ist.

Wir können also nicht sagen: Durch die Nervenleitung würde die Information darüber vermittelt, welcher Art (Qualität) die übertragenen Meldungen sind; gerade diese Information vermag die nervöse Meldung gar nicht zu übertragen: Die Qualität ist für jede Nervenbahn von vornherein und ein für alle Mal durch die Entwicklung festgelegt. Was die einzelne Nervenfaser überträgt, ist die Meldung darüber, ob in dem betreffenden Sinnesorgan gerade ein Reiz empfangen wird und wie stark der Reiz ist. Die Stärke des Reizes wird dabei durch die *Häufigkeit der Aktionspotentiale pro Zeiteinheit*, also durch die *Frequenz*, wiedergegeben *[82,1]*.

Um sich die Eigenschaften der von den Nervenfasern verwandten Zeichensprache klarzumachen, sollte man sie mit anderen denkbaren Codes vergleichen, mit deren Hilfe Meßwerte übertragen werden können. Es stehen zur Verfügung: *1.* die Frequenz der Impulse, *2.* ihre Höhe (Amplitude), *3.* ihre zeitliche Dauer. Auf Abb. *85,1* sind diese Möglichkeiten schematisch untereinander dargestellt: Von den drei genannten Parametern gibt jeweils einer die Reizstärke wieder, die anderen beiden werden konstant gehalten. Man könnte natürlich auch kombinierte Arten der Informationsübertragung ersinnen. Schließlich wäre es *4.* auch denkbar, daß die Meldungen gar nicht in Impulse aufgelöst, sondern daß ununterbrochene Meldungen übertragen werden, deren Amplitude die Reizstärke wiedergibt [*85,1*, unterste Zeile]. Diese letzte Denkmöglichkeit ist schon darum nicht von der Hand zu weisen, weil die Reizstärke innerhalb der Sinnesorgane wohl stets zunächst in eine nicht in Impulse aufgelöste elektrische Potentialänderung übersetzt wird, deren Betrag die Reizstärke wiedergibt (sie wird beim Auge ERG = Elektro-Retinogramm, beim Ohr Mikrophonpotential, und ganz allgemein Generatorpotential genannt).

Zunächst erhebt sich die Frage: Welche der auf Abb. *85,1* versinnbildlichten vier Übertragungsweisen liefert dem Empfänger die meiste Information?

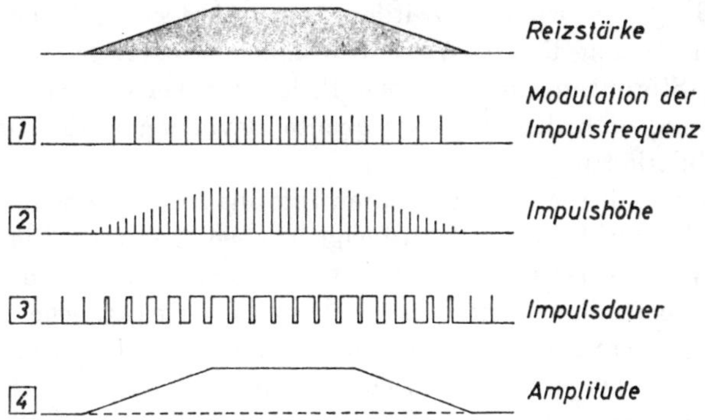

85,1. *Oben:* Zeitverlauf der Intensität eines Reizes: Zunächst zunehmend, dann gleichbleibend, dann wieder abnehmend. *Darunter:* Wiedergabe dieser Intensitätsänderungen mit Hilfe von vier verschiedenen Codes. Näheres siehe Text.

In dieser Hinsicht ist fraglos die vierte Variante allen anderen überlegen; denn sie liefert ohne zeitliche Unterbrechung, also in jedem beliebigen Augenblick, die volle Information über den Meßwert. Am zweitbesten schneidet die zweite Variante ab: Die Information über den Meßwert wird hier durch die Impulshöhe wiedergegebenen. Falls die Impulse so häufig gesandt werden, wie es der Übertragungsmechanismus zuläßt, so werden damit auch die Informationswerte in stets gleichem minimalen Zeitabstand übertragen; was an Übertragungskapazität zur Verfügung steht, ist also in jedem Augenblick voll ausgenutzt. Erst an dritter Stelle folgt die erste, von der Nervenleitung verwirklichte Möglichkeit: Hier gibt die Häufigkeit der Impulse die Reizintensität wieder. Um die Größe der Meldung zu beurteilen, muß der Empfänger mindestens zwei Impulse abwarten. Dies dauert nur kurze Zeit bei hoher Impulsfrequenz, aber viel länger bei geringer. Im Durchschnitt liegt die Übertragungskapazität weit unter derjenigen der zweiten Variante. Noch ungünstiger sind dann allerdings die Verhältnisse bei der dritten Variante der Abb. *85,1* der Impulsdauermodulation.

Aus dem Gesichtspunkt der übertragenen Informationsmenge und ihrer Verfügbarkeit zu jedem beliebigen Zeitpunkt läßt sich demnach die Bevorzugung der Frequenzmodulation gleicher Impulse durch das Nervensystem nicht verstehen; zwei andere Codes leisten mehr! Welche sonstigen Eigenschaften könnten es dann sein, welche den in der Natur bevorzugten Code über alle anderen herausheben? Wir kommen der Antwort näher, wenn wir prüfen, ob sich unter den Zeichensprachen der Abb. *85,1* ein gegen Störungen „geschützter Code" befindet: Einzig dem ersten, der Impulsfrequenz-Modulation, können wir diese Eigenschaft zusprechen. Denn nur sie arbeitet mit Symbolen, die in jeder Hinsicht – in ihrem Betrag sowie in ihrer Zeitdauer – normiert sind. Hier könnte also des Rätsels Lösung liegen. Wir haben daher zu überlegen, ob die Abwehr von Störungen eine so große Bedeutung bei der Nervenleitung haben könnte, daß dies die konsequente Bevorzugung der Impulsfrequenzmodulation begründet.

Unter den in dieser Welt denkbaren Informationsträgern ist die Elektrizität – einschließlich der elektromagnetischen Wellen und damit auch der Lichtwellen – der schnellste. So ist es verständlich, daß auch zur Informationsübertragung innerhalb der Organismen elektrische Vorgänge dienstbar gemacht sind. Dabei ist allerdings der lebende Körper im Vergleich zur Technik in einer schlechteren Ausgangsposition: Die besten elektrischen Leiter, gediegene Metalle, stehen ihm nicht zur Verfügung. Die beste Leitfähigkeit unter den im Körper verfügbaren Substanzen besitzt die Flüssigkeit innerhalb und außerhalb der Zellen, eine 0,6 bis (bei Meerestieren:) 4%ige Lösung ionisierter Salze. Die Leitfähigkeit dieser Lösung ist aber mit derjenigen der Metalle kaum zu vergleichen. Darum beruht die Fortpflanzung elektrischer Impulse in der Nervenfaser auch auf einem anderen Prinzip als im Metalldraht; es ist auf Abb. *87,1* schematisch dargestellt:

Jede erregte Stelle der Außenwand der Nervenfaser läßt einen elektrischen (Ionen-)Strom durch sich hindurchtreten. Dadurch ändert sich der Potentialunterschied zwischen innen und außen: Während in der Ruhe das Äußere gegen das Innere der Nervenfaser elektrisch positiv ist, wird es im Zuge der Erregung negativ gegen das Faserinnere. Dort, wo nun eine erregte Stelle der Nervenfaser an eine noch unerregte grenzt, fließen naturgemäß elektrische (Ionen-)Ströme („*Strömchen*") von den positiv zu den negativ geladenen Stellen. Diese Strömchen sind auf Abb. *87,1* durch Pfeile dargestellt. Welchen Einfluß haben sie auf die noch unerregte Region der Faserwand? Sie vermindern dort den Potentialunterschied zwischen innen und außen. Nun ist die Nervenmembran so beschaffen, daß sie auf eine auch nur geringe Verminderung des Ruhepotentials selbst in Erregung gerät, so daß sich folglich auch dort die elektrische Polarität umdreht. Das führt zum selben Geschehen („Strömchen") gegenüber der nächsten Membranstelle usw. Auf diese Weise pflanzt sich die Erregung über die Nervenfaser fort. Zwar geschieht dies nicht so schnell wie bei einem elektrischen Signal im Metalldraht, aber immerhin mit einer Geschwindigkeit von bis zu 100 m/sec, also etwa einem Drittel der Schallgeschwindigkeit in Luft.

Bei der Erregungsleitung in der Nervenfaser wird also ein Signal jeweils nur bis zur nächsten erregbaren Stelle der Membran der Nervenfaser als elektrischer (Ionen-)Strom geleitet; dort wird es – auf Anregung des ein-

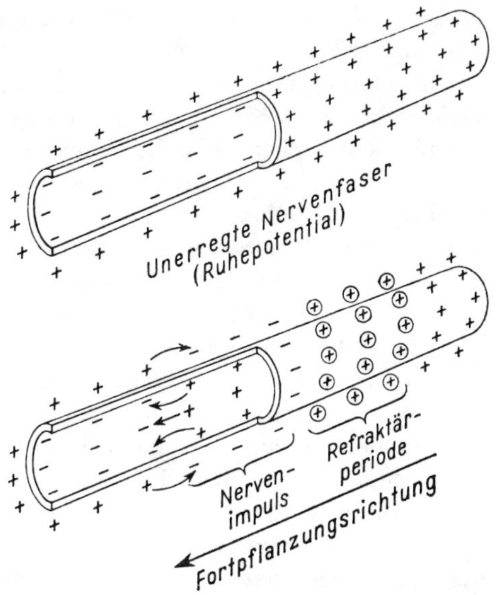

87,1. Schema zur Signalleitung auf der Nervenfaser. Das *Ruhepotential* (= elektrischer Potentialunterschied zwischen „innen" und „außen" bei der unerregten Nervenfaser) beträgt rund 80 mV (außen positiv), das *Aktionspotential* (Potentialunterschied im Zustand der „Erregung") rund 30 mV (außen negativ). Beide Spannungen werden von der Faserwand aktiv erzeugt (wie die elektromotorische Kraft einer Batterie). – Die Kreise um „+"-Zeichen bedeuten: Die Faser ist in diesem Zustand (kurz *nach* einer Erregung) noch nicht wieder erregbar; d. h. sie ist durch Verminderung des Potentialunterschieds noch nicht wieder dazu zu veranlassen, aktiv die elektrische Polarität umzukehren.

getroffenen Stromimpulses – neu erzeugt. Bei den Wirbeltieren sind nun die Orte der Stromerzeugung auf den schnell leitenden Nervenfasern durch isolierte, unerregbare Strecken voneinander getrennt, so daß man abschätzen kann, wie oft dort ein Signal während seiner Fortpflanzung über eine Nervenfaser neu erzeugt wird. Auf den afferenten Nerven des Armes des Menschen liegen die aktiven Orte („Schnürringe") rund 1 mm voneinander entfernt; daher wird ein Impuls, wenn er etwa in einer Sinneszelle einer Fingerspitze entstand, rund 800mal neu gebildet, bis er an seiner Endstation im Gehirn anlangt.

Ein größerer Abstand zwischen den erregbaren Stellen auf der Nervenfaser und damit eine Verringerung ihrer Anzahl würde dem Organismus nichts nützen, weil dann die Spannungsverluste durch den unerregbaren Teil der Membran hindurch zu groß würden und der Impuls länger dazu brauchte, die zur Auslösung notwendige elektrische Potentialänderung an der Nachbarstelle zu bewirken.

Wie genau ist nun die „*Reproduktion*" eines ankommenden Signals an einer erregbaren Stelle der Membran? Hält man auf Abb. *83,1* ein Lineal von oben her an die Spitzen der Aktionspotentiale der dritten Zeile, so erkennt man: Wo die Impulse sehr häufig werden, nimmt ihre durchschnittliche Höhe ein wenig ab und bleibt auch danach zunächst etwas geringer. Daraus folgt: Man muß Ungenauigkeiten von einigen Prozent für die Reproduktion der Impulshöhe in Rechnung setzen. Dies hat eine überraschende Konsequenz: Würde sich die Höhe eines erzeugten Aktionspotentials jeweils genau nach derjenigen des empfangenen Signals richten, so würde sich jede einzelne Ungenauigkeit fortpflanzen, und alle aufeinanderfolgenden würden sich überlagern. Wie sehr dadurch die Zuverlässigkeit der Übertragung leiden würde, kann man sich an folgendem Beispiel klarmachen: Ein Nervenimpuls werde über 800 Schnürringe übertragen, und sämtliche von diesen würden in der Reproduktion des Signals den kleinen Fehler von 1 % machen, alle in der Richtung einer Verstärkung: Dann würde ein beinahe 3000fach vergrößertes Signal am Gehirn eintreffen (denn $1{,}01^{800} \cong 3000$)!

Was wir eben als Ungenauigkeit der Reproduktion der Signale – siehe Abb. *82,1* – bezeichneten, ist nun im Sinne der Informationstheorie als *Störung* der Informationsübertragung aufzufassen; denn formal betrachtet werden kleine wechselnde Beträge zum eigentlichen Signal addiert oder von ihm subtrahiert, die mit der zu übertragenden Information nichts zu tun haben. Insofern hat jede aktive Stelle der Nervenmembran nicht nur als Übertragungs- sondern auch als Störinstanz zu gelten. Wegen der großen Anzahl der Übertragungsschritte könnten dadurch Störungen der auf Abb. *82,1* zum Ausdruck kommenden Größe, falls sie sich von Station zu Station fortpflanzen und dadurch summieren könnten, leicht größer als die Signale werden und diese bis zur Unkenntlichkeit verfälschen. Damit ist gezeigt: Alle Anordnungen, in denen sich Störungen fortpflanzen und somit summieren können, wären zu störanfällig, um als Übertragungs-Codes für die Nervenleitung in Frage zu kommen. – Damit verstehen wir, warum die in Zeile 2 und 4 der Abb. *85,1* aufgezeichneten Codes der Impulshöhen- und der reinen Amplitudenmodulation bei der biologischen Signalübertragung nicht vorkommen: Sie bieten keine Handhabe, Ungenauigkeiten in der Reproduktion von Signalen, die in einem Übertragungsschritt aufgetreten sind, im nächsten Schritt wieder zu korrigieren.

Diese Fähigkeit besitzt aber die Nervenleitung, wie wir sie in der Wirklichkeit vorfinden, und zwar dadurch, daß sie mit *normierten Impulsen* arbeitet. Wenn eine aktive Membranstelle durch eine elektrische Potentialänderung erregt wird, bringt sie ihr Einheitssignal hervor, durch das sie die benachbarte Stelle zur gleichen Erregung bringt. Unterschiede im ankommenden Signal haben gar keinen Einfluß auf die genaue Größe des Signals, das an der nächsten aktiven Stelle entsteht; denn in jeder

Instanz wird die Meldung wieder auf ihren Einheitswert gebracht. Dies wiederholt sich an jeder einzelnen Station der Übertragung. An jedem Ort auf ihrem Wege, an dem sie sich befindet, wird also jede Meldung erneut „abgerundet". Dabei spielt es nun auch gar keine Rolle mehr, ob diese Abrundung sehr genau ist – wenn nur gewährleistet ist, daß der Einheitsimpuls an der nächsten Instanz ankommt.

Im Abschnitt *D4* war nun folgendes über *geschützte Codes* gesagt worden: „In der Technik geht man folgendermaßen vor: Man verschafft sich die Kenntnis darüber, wie groß die Störungen sind, welche die Information verfälschen können. Dann wandelt man vor der Sendung die Information in Einzelsymbole um, die nur ganz bestimmte normierte Werte annehmen, und zwischen diesen Werten muß ein Unterschied bestehen, der weiter als die doppelte Maximalstörung ist. Dann ist der Code geschützt; denn jetzt kann an der Empfängerseite ein Gerät eingesetzt werden, das sämtliche empfangenen Einzelzeichen derart nach oben oder unten hin abrundet, daß nur Zeichen der normierten Größen entstehen. Diese normierten Zeichen gleichen dann mit voller Sicherheit den abgesandten Zeichen; denn die Abweichungen nach oben oder unten, die an der Empfängerseite beseitigt wurden, können ja nur die Störungen gewesen sein, die sich der Information auf ihrem Wege überlagert hatten; denn vom Sender waren ja nur normierte Zeichen abgesandt worden. . . "
Wie wir nun erkennen, ist die Übertragung der Nervensignale die Anwendung eines geschützten Codes par excellence: Es gibt nur *eine* Art von normierten Signalen; die einzige Alternative ist: „Signal" oder „kein Signal". Wir haben eine „Alles- oder Nichts-Aktion" vor uns. Der Sender, z. B. die Sinneszelle, transformiert ihre Meldung in diese normierten Signale. Die Abrundung geschieht dann nicht nur an der Empfängerseite, sondern in jeder Station, an welcher die Meldung empfangen und neu erzeugt wird. Damit ist erreicht, daß jede Störung und damit auch jede Ungenauigkeit der Übertragung, sofern sie nicht den Leitungsvorgang überhaupt unterbricht, ohne Auswirkung auf die Übertragung bleibt: Der Empfänger nimmt genau die Information auf, welche der Sender auf den Weg gebracht hat.

Auch jetzt ist aber noch eine Fehlermöglichkeit denkbar: Von zwei in kurzem Zeitabstand nacheinander abgesandten Nervenimpulsen könnte der zweite den ersten in seinem Lauf einholen und mit ihm verschmelzen; dann würde kein doppelt so großes Aktionspotential entstehen, sondern – auf Grund der „Abrundung" – eines von normaler Größe und Form; und der zweite Impuls wäre spurlos verlorengegangen. Doch auch gegen diesen Fehler ist die Nervenfaser gesichert: Nach jeder Erregung ist sie für ein winziges Zeitintervall unerregbar. Daher folgt jedem Nervenimpuls, der sich über eine Nervenfaser fortpflanzt, ein „Impuls der Unerregbarkeit“ *(Refraktärperiode)* auf dem Fuße nach *[87,1]*. Ein nachfolgender Nervenimpuls kann daher nie in diese Zone eindringen oder sie gar überspringen. Damit ist endgültig gewährleistet, daß die gleiche Anzahl von Nervenimpulsen am Empfänger anlangt, wie abgesandt worden ist. Wir können daher die Form der Nervenleitung als den einfachsten und bestgeschützten Code bezeichnen, der denkbar ist; und wir verstehen, warum er es ist, der sich überall im Tierreich als einziger durchgesetzt hat.

Jetzt bleibt noch übrig, die *Impulsdauer-Modulation* zu beurteilen *(85,1*, Zeile 3): Bei ihr ist die Impulsdauer nicht normiert; sie ist ja derjenige Parameter, der die Information wiedergibt. Damit gilt für sie aber das entsprechende wie für die Impulshöhen- und Amplituden-Modulation: Jeder Übertragungsfehler und jede Störung würde sich mit dem Signal fortpflanzen; und bei der großen Anzahl der Übertragungsschritte bestände keine Garantie für die sichere Ankunft der Information.

D 7. Hormone

Nachdem man sich davon überzeugt hat, welch außerordentlich geeignetes Mittel zur Informationsübertragung die Nervenleitung darstellt, fragt man sich: Welche Rolle mag daneben noch ein ganz andersartiges biologisches System der Informationsübertragung wie das der Hormone spielen? Auf dem afferenten Sektor – Meldungen von den Sinnesorganen ans Zentralnervensystem – ist das Nervensystem beinahe unumschränkter Alleinherrscher. Für die efferente Steuerung aber verwendet der Organismus im großen Umfang Hormone.

Bei der Signalübertragung im Nervensystem erreicht jeder Steuerimpuls *einen* Adressaten: Denjenigen, an dem die betreffende Nervenfaser endet. Wird dagegen ein Stoff, der die Bedeutung eines Signals hat, in die Blutbahn hineingebracht, so ist dies der Möglichkeit nach eine Meldung „an alle“; denn das Blut erreicht alle lebenden Zellen des Körpers. Solche „Signalstoffe“ sind die Hormone. – Formal entsprechende Nachrichtensysteme der Technik sind das Telephon (Nachrichten an bestimmte Einzelne) und der Rundfunk (Meldungen an alle). Daß die Meldungen des Rundfunks tatsächlich überall gehört werden, hat zur Voraussetzung, daß entsprechende Empfänger vorhanden sind. Für das Hormonsystem gilt Ähnliches: Durchaus nicht alle Hormone haben eine Auswirkung auf sämtliche Zellen; sie sind zwar der Möglichkeit nach Meldungsträger an alle Zellen des Körpers, doch ist von dieser Möglichkeit nicht in allen Fällen Gebrauch gemacht.

Eine weitere Sonderrolle der Hormone im Vergleich zum Nervensystem besteht in der Dauer ihrer Wirksamkeit. Zwar beginnt die Wirkung, die ein Nervenimpuls ausübt, außerordentlich bald nach seiner Ankunft am ausführenden Organ. Doch ist sie auch ebenso schnell wieder verklungen. Hormonwirkungen dagegen können sich höchstens mit der Geschwindigkeit des Blutstroms räumlich ausbreiten, und diese ist mit maximal 0,6 m/sec etwa 200 mal geringer als die Höchstgeschwindigkeit der Nervenleitung; doch dauert die Wirkung des Hormons am Wirkungsort meist viel länger, mindestens Minuten, wenn nicht Stunden und Tage.

Wenn Hormone Mittel der physiologischen Steuerung sind, muß man folgern, daß der Organismus sie nicht nur in die Blutbahn ausschütten, sondern sie aus ihr auch entfernen kann. Denn sonst würde die Hormondrüse nur den Beginn der gesteuerten Aktionen, nicht aber ihren Abschluß veranlassen können. Für jedes Hormon ist in der Tat ein dauernder Prozeß im Gange, der es – meist beim Passieren der Leber – chemisch zerstört oder es auf andere Weise – z.B. durch die Niere mit dem Harn – aus der Blutbahn entfernt. Dadurch ist garantiert: Wenn die Hormonproduktion aufhört, verschwindet das Hormon auch aus dem Blut, und dadurch wird das Ende der abhängigen Funktion erzwungen. Ein in der Zeit gleichbleibender Hormonspiegel im Blut kann aus diesem Grunde nur durch laufende Hormonausschüttung erreicht werden, welche gegen die laufende Zerstörung anarbeitet. Der Organismus nimmt den ununterbrochenen Verlust hochwertiger Substanzen in Kauf; denn nur auf diese Weise kann die hormonausschüttende Instanz nicht nur die Zu-, sondern auch die Abnahme der abhängigen Funktion zuverlässig dirigieren. Der merkwürdige Tatbestand, daß für hochwichtige, in kleinsten Mengen wirksame biologische Substanzen besondere Zerstörungsmechanismen dauernd tätig sind, ist also verständlich auf Grund der Tatsache, daß es sich um Vorgänge der Steuerung handelt und daß eine Steuerung durch Stoffe im Blut nur möglich ist, wenn diese dem Blut auch wieder entzogen werden können.

Dem beschriebenen Umstand verdankt es übrigens die Medizin, daß das Vorhandensein bestimmter Hormone (z. B. des Progesterons) im Körper ohne Blutentnahme, allein durch Untersuchung des Harns festgestellt werden kann. Auch sind mehrere Hormone des Menschen (z.B. das Testosteron durch Butenandt) im Harn entdeckt und aus diesem gewonnen worden, bevor man sie im Blut nachwies.

Wie bereits angedeutet, sind alle Hormone der Möglichkeit nach Meldungen an alle lebenden Zellen des Körpers. Ob es Hormone gibt, die diese Möglichkeit voll ausnutzen, weiß man noch nicht. Denkbar wäre es für das Hormon der Schilddrüse *Thyroxin*, das Stoffwechselvorgänge beschleunigt; dies könnte sämtliche Zellen des Körpers betreffen. Vielleicht gilt es auch für die Häutungs- und Verpuppungs-Hormone der Insekten. Wenn die Zeit einer Häutung oder der Verpuppung naht, beginnt, ausgelöst durch das Metamorphosehormon *Ekdyson*, ein überaus vielfältiges Geschehen: Die Schmetterlingsraupe hört mit der Nahrungsaufnahme auf und verfertigt – bei vielen Arten – ein Gespinst; alle Zellen der Oberhaut, des Atmungs-Systems (Tracheen), des Enddarms bilden eine neue Haut unter der alten und bereiten die Ablösung von der alten Haut vor, so daß diese abgestreift werden kann, usw. Es ist denkbar, daß die Metamorphose in irgendeiner Form wirklich jede einzelne Körperzelle beeinflußt.

Für viele Hormone weiß man dagegen genau, daß sie nur einen begrenzten Anteil aller Körperzellen beeinflussen. Ein Beispiel bietet dasjenige Hormon, das man als erstes von allen entdeckt hat, das *Sekretin.* Es wird von der Darmwand nach außen ins Blut abgeschieden, sobald der Säuregrad (pH-Wert) des Darminhalts sich von neutral zu sauer verschoben hat. Dies geschieht immer dann, wenn eine Portion saurer Speisebrei vom Magen her durch den ,,Magenpförtner" hindurch in den Dünndarm hineinbefördert wird. Das Hormon verteilt sich daraufhin mit dem Blut durch den gesamten Körper. Aber nur bestimmte Organe haben einen ,,Empfänger" für dieses Signal, die Bauchspeicheldrüse und Drüsen der Darmwand. Beide produzieren auf die Meldung des Hormons hin einen schwach alkalischen Darmsaft, der den Inhalt des Dünndarms neutralisiert und ihn dadurch für die Verdauungsfermente, die ebenfalls von der Bauchspeicheldrüse und den Darmwanddrüsen erzeugt werden, angreifbar macht.

Daß das Sekretin trotz seiner begrenzten Wirksamkeit wie alle anderen Hormone mit dem Blutstrom durch den ganzen Körper verbreitet wird, hat man durch folgendes Experiment bewiesen: Einem Versuchstier wurde durch eine Operation ein kleiner Teil seiner Verdauungsdrüsen entnommen und ohne Verbindung mit irgendwelchen Nerven an einer ganz anderen beliebigen Stelle des Körpers unter der Haut wieder eingepflanzt. Man beobachtete nun, daß diese Drüsen immer dann tätig wurden und Darmsaft produzierten, wenn dies auch die anderen taten, d.h. nach einer Mahlzeit des Versuchstiers. Hierdurch war bewiesen, daß das Signal dazu nicht durch Nerven, sondern allein auf dem Blutwege geleitet wird, und daß es dementsprechend alle Teile des Körpers erreichen kann, im Normalfall aber dort keine Wirkung ausübt.

Viele Fortschritte der Einsicht in biologische Zusammenhänge sind durch Tierversuche gewonnen worden. Es ist eine ernste Frage, ob der Mensch hierzu berechtigt ist. Ein wichtiger Gesichtspunkt hierzu ist der, daß die Medizin nur mit Hilfe von Tierversuchen in der Lage ist, das Lebensgefüge so weit zu durchschauen, daß neue Wege in der Verhütung, Erkennung und Heilung von Krankheiten gefunden werden können.

Das Beispiel des Sekretins ist noch in zweifacher weiterer Hinsicht lehrreich: Erstens müssen wir es als den Träger einer Meldung über eine physikalisch-chemische Meßgröße, nämlich den Säuregrad des Darminhalts, betrachten. Dieselbe Meßgröße stellt, sofern sie den Geschmacksorganen der Zunge geboten wird, einen Sinnesreiz („sauer“) dar, der über Nervenbahnen ans Gehirn gemeldet wird. In der Darmwand befinden sich ebenfalls Zellen, die auf den Säuregrad reagieren und eine „afferente“ Meldung darüber absenden – wenn auch mit Hilfe eines anderen Informationsmittels, eines Hormons. Es ist nun zwar nicht üblich, die auf den Säuregrad reagierenden Zellen der Darmwand als „Sinneszellen“ zu bezeichnen; doch ist es wichtig, sich klar zu machen, daß sie ein wichtiges Kennzeichen mit den Sinneszellen gemeinsam haben: Sie reagieren auf einen Einfluß, über dessen Intensität sie dem Organismus Information liefern. Der Unterschied liegt allein im Informationsträger – dort Nervenimpulse, hier ein Hormon.

Der zweite bemerkenswerte Gesichtspunkt bei der Betrachtung des Sekretins liegt darin, daß es funktioneller Anteil eines Regelkreises ist. An diesem Regelkreis lassen sich die Funktionsglieder leicht identifizieren und in das Regelkreisschema *[45,1]* eintragen:

Geregelte Größe (Regelgröße): Säuregrad (pH-Wert) des Darminhalts.

Fühler: Auf den pH-Wert reagierende und Sekretin ausscheidende Darmwandzellen.

Übertragung des Meßwerts des Fühlers (= der Stellgröße): Hormon Sekretin über die Blutbahn.

Stellglieder: Bauchspeicheldrüse, Darmwand-Drüsen.

Tätigkeit der Stellglieder bei Regelabweichungen: Ausscheidung alkalischen Darmsafts.

Sollwert: Neutrale Reaktion des Darminhalts.

Störgröße: Die durch die Magensäure im Speisebrei hervorgerufene pH-Veränderung.

Wie dieses Beispiel zeigt, bedeutet der Ausdruck „Störung“ im regeltechnischen Sinn durchaus nicht, daß es sich dabei vom biologischen Gesichtspunkt aus um etwas dem Organismus Schädliches handeln müßte, wogegen er sich zu wehren hätte. Hier wird ein Regelprozeß dazu verwendet, eine pH-Verschiebung durchzuführen, die zwischen zwei vom Organismus selbst aktiv hervorgebrachten Werten zu erfolgen hat. Die Magensäure hat ja die Funktion, dem Speisebrei den für das Eiweiß-spaltende Ferment Pepsin geeigneten pH-Wert zu verleihen, während der optimale pH-Wert für die Dünndarmfermente bei neutraler Reaktion liegt.

Auch ein anderes bekanntes Hormon ist Glied eines Regelkreises: Das *Insulin*, ein Hormon der LANGERHANSschen Inseln der Bauchspeicheldrüse. Regelgröße ist hier der Spiegel (= die Konzentration) des Blutzuckers, Sollwert etwa 0,1%. Erhöhter Blutzuckerspiegel löst im Normalfall vermehrte Insulinausschüttung aus, welche die Abweichung rückgängig macht (negative Rückwirkung). Fehlt das Insulin, so steigt der Blutzuckerspiegel so lange an, bis der überschüssige Zucker von der Niere nicht mehr zurückgehalten werden kann und mit dem Harn ausgeschieden wird (Zuckerkrankheit, Diabetes). Die Schäden bestehen dann nicht nur in vermehrtem Blutzucker, sondern in schweren Stoffwechselstörungen.

Hier soll noch eine Erscheinung zur Sprache kommen, die mit der Regelkreis-Funktion des Insulins zu tun hat: Da die Zuckerkrankheit nicht erblich ist (nur die Disposition dazu ist möglicherweise erbbedingt), kommt es vor, daß eine Mutter, die zuckerkrank ist, ein in dieser Hinsicht gesundes Kind zur Welt bringt. Während der Schwangerschaft bessert sich nun vielfach die Krankheit der Mutter, und zwar auf Grund des Insulins, das vom Inselapparat des Kindes gebildet wird und durch die Placenta in den mütterlichen Blutkreislauf übergeht. Dabei produziert die kindliche Hormondrüse viel mehr Insulin, als zur Steuerung des eigenen Blutzuckerspiegels notwendig wäre. Da nun die Reaktion der Hormondrüsen meist sehr langsam erfolgt, läßt sich voraussagen, daß durch die Geburt, also eine plötzliche Umstellung, eine gefährliche Krise in dem an sich ja gesunden Organismus des Kindes ausgelöst wird: In diesem Augenblick bricht die überhöhte Zuckerzufuhr vom mütterlichen Blut ab, welche die hohe Insulinproduktion ausgelöst hatte. Da aber diese nur langsam auf die Umstellung reagiert und zurückgeht, wird im kindlichen Kreislauf zunächst noch viel zu viel Insulin kreisen; folglich wird die Zuckerkonzentration dort auf einen viel zu geringen Wert herabgedrückt, was zu einem todbringenden *hypoglykämischen Schock* des Kindes führen kann. Was muß der Arzt in diesem Fall unternehmen? Man kann durch einfache Überlegung die Antwort auf diese Frage finden: Der Arzt muß dem Kind in absteigenden Mengen Traubenzucker injizieren, um die gefährliche Überschwingung des Regelkreises zur negativen Seite zu verhindern und um die Stellgliedfunktion langsam auf den für den kindlichen Organismus notwendigen Wert absinken zu lassen.

D 8. Speichern und Abrufen von Information

Jedes Buch, jede Schallplatte und jedes bespielte Tonband ist in der Sicht der Informationstheorie ein Speicher von Information. In allen drei Fällen ist die Information einem stofflichen Träger aufgeprägt; die Träger sind jedoch verschieden: Beim Buch ist es schwarzer Farbstoff, der auf weißem Papier in zweidimensionalen Mustern – den Buchstaben, Ziffern und Satzzeichen – angeordnet ist; bei der Schallplatte sind, wie man mit der Lupe erkennen kann, die Rillen, in denen die Abtastspitze des Tonabnehmers läuft, wellenförmig gekurvt, und in diesem – eindimensionalen! – Kurvenzug ist die Information niedergelegt; beim Tonband schließlich läßt sich der Informationsträger mit dem Auge nicht erkennen, denn die zur Informationsspeicherung dienende stoffliche Struktur ist die stärkere oder schwächere Magnetisierung von besonders aufbereitetem Eisenoxyd, das auf der Kunststoff-Folie des Bandes fein verteilt ist. Beim bespielten Tonband ist die Variation des informationstragenden Parameters (Parameter = variationsfähige Meßgröße) eindimensional wie bei der Schallplatte. Bei letzterer ist jedoch auch eine zweidimensionale Informationsspeicherung möglich: Bei Stereo-Platten. Dabei wird – außer den Schallwellen selbst – auch die Richtung der Schallquellen relativ zum aufnehmenden Mikrophon festgehalten.

Wie kann man nun gespeicherte Information „*abrufen*", also beispielsweise dem Menschen zugänglich machen? Am einfachsten ist diese Frage für die Schallplatte zu beantworten: Die Schallplatte muß sich dazu drehen, so daß die Abtastspitze des Tonabnehmers die Rille entlang gleitet. Dabei erzwingen die Kurvenzüge der Rillen waagerechte Bewegungen der Abtastspitze; bei Stereo-Platten kommen senkrechte Bewegungskomponenten hinzu. Diese mechanischen Schwingungen werden innerhalb des Kopfes des Tonabnehmers in elektrische Schwingungen transformiert (= umgewandelt), welche später verstärkt werden und dann in den Lautsprecher gelangen. Dort werden aus ihnen wieder mechanische Schwingungen gemacht: Der Wechselstrom erzeugt in der Schwingspule der Lautsprechermembran ein magnetisches Wechselfeld, und dieses bewegt (durch Zusammenwirken mit einem Permanentmagneten) die Lautsprechermembran, so daß von ihr Schallwellen ausgehen, welche dann in unser Ohr gelangen.

Welche Wandlungen macht die Information durch, während all die genannten physikalischen Prozesse durchlaufen werden? Physikalisch gesehen, werden durch die Bewegung eines Körpers mit bestimmter Oberflächenstruktur (Schallplatte) gegen einen anderen (Abtastspitze) mechanische Schwingungen hervorgebracht; die mechanischen Schwingungen ihrerseits erzeugen einen elektrischen Wechselstrom; dieser wird verstärkt und in den Lautsprecher geleitet; dort bewegt er eine Membran, und diese gibt ihre Schwingungsenergie an die Luft ab; die erzeugten Schallwellen breiten sich dann in der Luft aus und erreichen unser Ohr. In diesem ereignen sich dann noch weitere Umwandlungen, auf welche aber hier nicht eingegangen wird. Überblicken wir das gesamte Geschehen, so wird im Plattenspieler ein energetischer Prozeß eingeleitet, der sich über mehrere Transformationen hinweg bis in unser Ohr hinein fortpflanzt.

Ist damit das Entscheidende ausgesprochen? Nein, denn die Energie ist zwar unentbehrlich, aber nur als Träger der Information; die Information selbst besteht weder in der Substanz der Schallplatte noch in irgendeiner der wechselnden Energieformen, sondern in der *Form* oder der zeitlichen *Variation* ihrer Träger, seien diese nun Substanz oder Energie. Im Verlauf aller genannten physikalischen Prozesse bleibt sich die Information gleich! Dies würde man besonders deutlich erkennen, wenn man innerhalb eines kurzen Abschnitts einer Schallplatte die Kurvenform der Rille abzeichnen und sie mit folgenden anderen Kurvenformen vergleichen würde: Mit derjenigen der Schwingung des Kristalls, während sich das betreffende Stück der Schallplatte unter ihm hindurch bewegt, mit dem erzeugten Wechselstrom, mit der Schwingung der Lautsprechermembran und mit dem Verlauf der Luftschwingung: Man würde erkennen, daß alle gewonnenen Kurven, so verschiedener Natur sie auch sind (Oberflächenkurve, mechanische, elektrische, magnetische Schwingungen!), untereinander die gleiche Form besitzen! Wir können also ein Etwas konstatieren, das sich gleichbleibt, auch während seine Träger ganze Ketten von aufeinanderfolgenden Umwandlungen durchmachen und dabei sogar zwischen den Existenzformen der Substanz und der Energie hin- und herwechseln: Dieses gleichbleibende Etwas ist die Information.

Daraus lernen wir: Information bedarf der Substanz oder der Energie, um sich in ihr auszuprägen; aber sie *ist* weder Substanz noch Energie. Das Verhältnis zwischen dem Informationsträger (Substanz oder Energie) und der Information gleicht dem Zusammenhang zwischen den Gegenständen und ihren Eigenschaften: Ein Gegenstand *ist* nicht dasselbe wie seine Eigenschaften, sondern er *besitzt* Eigenschaften; die Eigenschaften ihrerseits „brauchen" den Gegenstand, um existieren zu können: Unabhängig von ihm sind sie nicht existenzfähig. Ebenso ist Information nur „existenzfähig", wenn sie einem Träger aufgeprägt ist, wobei aber der Träger nicht die Information „ist", sondern sie, wie auch der Name sagt, „trägt". Hieraus geht eindeutig hervor: Information ist weder Substanz noch Energie, auch wenn sie ihrer als Träger bedarf. Was aber ist sie dann? Auf diese Frage werden wir in Kürze zurückkommen.

Nach diesen Überlegungen könnte man meinen, in der Sicht der Informationstheorie sei es belanglos, welchem Träger eine Information aufgeprägt sei – wenn nur überhaupt ein Träger zur Stelle wäre. Dies gilt jedoch nur in beschränktem Maße. Vor allem ist es wichtig, zwischen *räumlichen* Codes und *Zeit*-Codes zu unterscheiden: Auf der Schallplatte ist die Information in einem räumlichen Code niedergelegt, der Kurve der Rillenführung; durch das Abspielen wird die Information in einen Zeit-Code übertragen. Die Funktionswerte, die auf der Schallplatte *räumlich neben*einander lagen, folgen nun *zeitlich nach*einander. Genauso ist etwa das Abspielen eines Tonbands, ebenso wie z. B. das Vorlesen, ein Übersetzen von einem räumlichen in einen zeitlichen Code. Beispiele für das Gegenstück, die Übertragung von einem zeitlichen in einen räumlichen Code, sind das Schreiben eines Diktats bzw. das Mitstenographieren eines Vortrags, die Herstellung einer Schallplatte und das Bespielen eines Tonbands. In diesen Beispielen gilt folgendes: Aufrufen gespeicherter Information ist die Übersetzung von einem räumlichen in einen Zeit-Code; Speichern von Information ist die Übertragung eines Zeit-Code in einen räumlichen.

Doch gibt es auch die Möglichkeit, daß Information in einem *Zeit*code *gespeichert* wird. In manchen elektronischen Rechenmaschinen besteht der Speicher in einem ringförmig geschlossenen Übertragungssystem. Wesentliche Elemente sind mehrere rund 1 m lange Rohre, die mit Quecksilber gefüllt sind. Am einen Ende wird die Information durch eine Art Lautsprecher in Form von Ultraschall-Impulsen auf das Quecksilber übertragen. Diese durcheilen das Rohr und werden an der Gegenseite mit Hilfe eines Mikrophons aufgenommen; von dort werden sie elektronisch wieder zum Ausgangspunkt zurück übertragen, und das Geschehen beginnt von neuem und wiederholt sich beliebig oft – solange, bis der Funktionskreis wieder unterbrochen wird. So lange ist aber die Information „gespeichert" und kann nach bzw. vor jeder Quecksilber-Passage abgerufen werden.

Man hat es, nachdem die Technik diese Art von Speichern entwickelt hatte, vorübergehend für möglich gehalten, daß das Gedächtnis bei Tieren und Menschen auf einem ähnlichen Prinzip beruhen könnte. Daraus würde aber für das Gehirn das gleiche folgen wie für den Quecksilber-Speicher: Durch eine einmalige vollkommene Unterbrechung des Funktionskreises müßte alle Information ausgelöscht werden. Das ist aber beim Gehirn nicht der Fall: Nach einem Elektroschock, wie er zur Behandlung von Geisteskrankheiten angewendet wird, oder nach einem epileptischen Krampfanfall ist das Gehirn des Patienten oft minutenlang elektrisch völlig inaktiv; dadurch wird aber das Gedächtnis *nicht* ausgelöscht. Daher kann zumindest das *Langzeit*gedächtnis nicht auf kreisenden Erregungen beruhen. Daraus folgt, daß unser Gedächtnisinhalt in einem räumlichen Code im Gehirn verankert sein muß. Welche Stoffe oder welche Strukturen aber dort als Informationsträger eingesetzt sind, ist der Forschung zur Zeit (1969) noch unbekannt. Man hat diskutiert, ob dafür Nukleinsäuren (DNS oder RNS) in Frage kämen; doch hat sich noch kein sicherer Anhaltspunkt dafür ergeben.

Informations-Speicherung braucht nicht unbedingt in einem räumlichen Code zu erfolgen, wenn dies auch die Regel ist; ebensowenig verlangt nun auch die *Übertragung* von Information unbedingt einen *Zeit*-Code. Eine Ausnahme kennen wir bereits: Die Übertragung der Intensität von Sinnesreizen ans ZNS geschieht zwar in einem Zeitcode, aber welcher Art (Modalität, Qualität) der Reiz ist, um den es sich handelt, erfährt das ZNS durch die Nervenbahn, auf welcher die Meldung eintrifft; das aber entspricht einem räumlichen Code. – Ein zweites, alltägliches Beispiel für einen räumlichen Code im Rahmen einer *Übertragung* von Information liefert die Verkehrsampel. Die Meldungen „Halt", „Achtung", „Frei", sind auf doppelte Weise, also mit Redundanz, verschlüsselt: Durch die Farben Rot, Gelb, Grün, sowie durch räumliche Sonderung: Oben rot, in der Mitte gelb, unten grün. Infolgedessen kann auch ein farbenblinder Mensch die Meldungen der Verkehrsampel „verstehen"; er liest allein den räumlichen Code und gewinnt aus ihm die vollständige Information.

Wir stellen abschließend noch einmal die Frage: Was ist Information in dem Sinne, in dem dieser Begriff hier gebraucht wird, also als Gegebenheit, deren Menge in *bit* zu erfassen ist? Eine ausgesprochene Verwandtschaft besteht zu den Begriffen der *Form* und der *Struktur:* Weitergabe von Information – z. B. von der Schallplatte bis zum Schallwellenzug – erfolgte unter lückenloser Weitergabe von *Form*eigenschaften des Energieflusses. Doch sind die Begriffe der Information und der Form auch nicht miteinander identisch: Bei der Übersetzung von Morsezeichen in Buchstabenschrift oder von einer in die andere Sprache kann die Information erhalten bleiben, obwohl die Form der Informationsträger sich ändert. Es bleibt jedoch so etwas wie „*Menge an* Form- (oder Struktur-) merkmalen" erhalten, wenn Information erhalten bleibt. – Unser erstes Ergebnis lautet also: Information ist überall, wo man ihr irgendeine Art der Existenz zuschreiben kann, an Form- oder Strukturmerkmale in Raum oder Zeit geknüpft. Leerer Raum trägt keine Information.

Wieviel Information in *bit* nun aber ein Signal, ein Symbol – oder allgemein: ein Form- oder Strukturmerkmal – trägt, das hängt, wie in *D1* und *D2* besprochen, nicht von ihm als einzelner Gegebenheit ab, sondern von der Wahrscheinlichkeit, mit der sein Auftreten an dem betreffenden Ort zu der betreffenden Zeit zu erwarten war. Aussagen über den Informationsgehalt sind also Aussagen über Wahrscheinlichkeiten. Damit können wir die Frage: „Was ist Information im Sinne der Kybernetik?" am ehesten folgendermaßen beantworten: Information besteht in Wahrscheinlichkeitsaussagen, die durch Formmerkmale in Raum oder Zeit repräsentiert sind.

E. Datenverarbeitung

Dieser Abschnitt schließt sich dem Inhalt nach an die Abschnitte *A* und *B* an, setzt jedoch auch Kenntnisse aus den Abschnitten *C* und vor allem *D* voraus.

Beim Nachdenken über die Beobachtung des Richtungs-Anzeigens auf dem Drehstuhl *(A 4)* hatte sich ergeben: Im Innern des Organismus können mathematische Operationen ablaufen; dort hatten sie den biologischen Sinn, die Winkelgeschwindigkeit einer Körperdrehung aus den Signalen eines Sinnesorgans für Drehbeschleunigungen abzuleiten. Auch andere Beispiele der Kapitel *A* und *B* hatten mathematische Operationen offenbart, die im Dienste von Lebensvorgängen stehen. Die Reihe der Beispiele wird nun fortgesetzt, und zwar zunächst durch eines, in welchem die *Subtraktion* unerwartete Konsequenzen zeitigt.

E 1. Laterale Inhibition

An den Augen verschiedener Lebewesen hat die Forschung folgendes festgestellt: Bevor die Bahnen von den Lichtsinneszellen die zentralen Stellen des Gehirns erreichen, treten sie durch seitliche Abzweigungen miteinander in Verbindung. Durch diese Abzweigungen wird die Meldung über die jeweilige Reizintensität in jeder Lichtsinneszelle auch an ihre Nachbar-Elemente übertragen. Trifft eine solche Meldung von einer

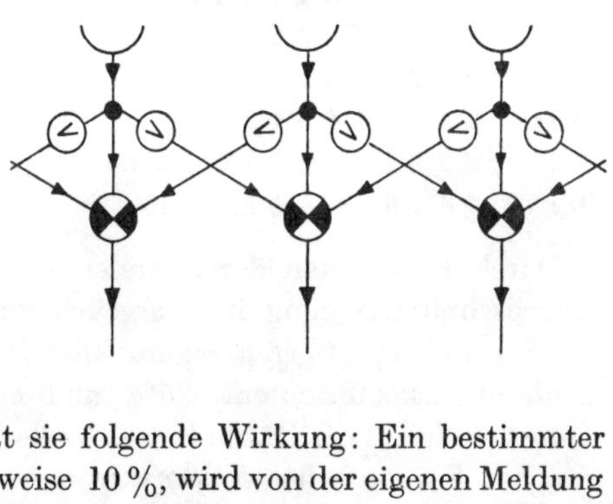

99,1. Schema der lateralen Inhibition (Vorwärts-Inhibition; vgl. Abb. 128,1). Ausschnitt aus einer Reihe von Elementen, die sich in gleicher Weise nach rechts und links fortsetzt. Die schrägliegenden „V" bedeuten: Abschwächung der Meldung durch Multiplikation mit dem „Inhibitionskoeffizienten" (der stets kleiner als 1 ist).

Nachbar-Sinneszelle ein, so hat sie folgende Wirkung: Ein bestimmter Bruchteil von ihr, also beispielsweise 10 %, wird von der eigenen Meldung *subtrahiert*. Die Erregung einer Lichtsinneszelle vermindert also indirekt die Meldungen der Nachbarsinneszellen. Dies wird durch den Ausdruck „laterale Inhibition" (übersetzt: „Seitliche Hemmung") angedeutet. Das abstrakte Schaltbild einer lateralen Inhibition zeigt Abb. *99,1*.

Der erste Schritt unserer Überlegungen soll darin bestehen, die zahlenmäßigen Konsequenzen einer Verknüpfung benachbarter Informationsbahnen durch laterale Inhibition zu errechnen. Wir setzen eine Reihe von Lichtsinneszellen voraus. Der *Inhibitionskoeffizient*, d. h. der Anteil jeder Erregung, der von der Erregung der Nachbarfaser subtrahiert wird, sei aus Gründen der Deutlichkeit größer als in biologischen Systemen, nämlich $^1/_4$ bzw. 25 %. Die nebeneinanderliegenden Sinneszellen sollen nun in sechs Gedankenexperimenten mit folgenden Intensitäten gereizt werden:

(1) . . . 4 4 4 4 4 8 8 8 8 8 . . .
(2) . . . 4 4 4 4 8 4 4 4 4 . . .
(3) . . . 4 4 4 4 8 8 4 4 4 4 . . .
(4) . . . 4 4 4 4 8 8 8 4 4 4 4 . . .
(5) . . . 4 4 4 4 8 8 8 8 4 4 4 4 . . .
(6) . . . 8 8 8 8 8 8 8 8 . . .

Die Punkte vor und hinter jeder Zahlenreihe sollen andeuten, daß diese sich nach beiden Seiten weiter fortsetzt; wir haben daher keine besonderen Randerscheinungen zu berücksichtigen und können die Aufmerksamkeit allein auf die in der Mitte der Reihe auftretenden Helligkeitsänderungen richten.

Die in Abb. *99,1* enthaltene Rechenvorschrift besteht nun einfach darin, daß von jeder Zahl je 25% der davor- und der dahinterstehenden Nachbarzahl subtrahiert werden, so daß sich aus den obigen Zahlenreihen folgende neue Reihen ergeben:

(1′) . . . 2 2 2 2 1 5 4 4 4 4 . . .
(2′) . . . 2 2 2 1 6 1 2 2 2 . . .
(3′) . . . 2 2 2 1 5 5 1 2 2 2 . . .
(4′) . . . 2 2 2 1 5 4 5 1 2 2 2 . . .
(5′) . . . 2 2 2 1 5 4 4 5 1 2 2 2 . . .
(6′) . . . 4 4 4 4 4 4 4 4 . . .

Durch Einschalten der lateralen Inhibition wird also zunächst die Durchschnittserregung im Vergleich zur Eingangs-Erregung herabgesetzt, bei gleichartiger Erregung aller Eingangselemente (Reihe 6), dem „Inhibitionskoeffizienten“ 25% und eindimensionaler Reihen-Anordnung gerade auf die Hälfte (6′). Interessanter sind die relativen Veränderungen: Ein einfacher *Kontrast* in der ursprünglichen Erregungsverteilung (Reihe 1), also die Grenze zwischen einer stärker und einer schwächer erregten Strecke, erscheint nach der Einwirkung der lateralen Inhibition beiderseits übertrieben oder „überhöht“ (1′). Weiterhin liefert eine starke Erregung (z. B. „8“ in Reihe 2 oder 6) eine höhere Meldung, wenn sie von Feldern niederer Erregung flankiert wird (Reihe 2'), als wenn sie über das ganze Feld ausgebreitet ist (Reihe 6'). Dieser Effekt nimmt ab, wenn der Abschnitt höherer Erregung sich vergrößert: Zunächst (vergleiche Reihe 3' mit Reihe 2') vermindert sich der Betrag der weitergegebenen Erregung gleichmäßig, dann (Reihe 4' und 5') entsteht in der Mitte ein Erregungs-Tal, während sich die Werte beiderseits der Erregungssprünge nicht mehr verändern.

Jetzt erheben sich zwei Fragen, die nacheinander behandelt werden sollen: Liegt auch beim Sehen des Menschen laterale Inhibition vor? Und: Welchen funktionellen Sinn könnte die laterale Inhibition haben, wozu könnte sie im Organismus dienen?

Zur Beantwortung der ersten Frage kann eine altbekannte „optische Täuschung" des Menschen beitragen: Betrachtet man Abb. *101,1*, so erscheinen an allen Kreuzungen der weißen Straßen graue Flecke – außer an derjenigen, auf welche gerade der Blick gerichtet ist. Lassen wir den Blick von einer auf eine andere Kreuzungsstelle springen, so wird die zuvor betrachtete sofort grau, die nunmehr fixierte wird weiß. Die Stelle des deutlichsten Sehens, die Fixierstelle des Auges, ist also der Täuschung *nicht* unterworfen.

101,1. HERMANNsche Gittertäuschung: An den Kreuzungsstellen der weißen Straßen erscheinen (vermutlich als Ergebnis der lateralen Inhibition im menschlichen Auge bzw. als Konsequenz des sog. *Simultankontrastes*) graue Flecken.

Was unterscheidet nun die Kreuzungsstellen von allen entsprechend großen Teilstücken der weißen Straßen, was also kann verantwortlich sein für die unterschiedliche scheinbare Helligkeit? Die Tönung der Flächen selbst kann es nicht sein, denn sie ist überall gleich; das sagt uns das „genaue" Hinsehen mit der Fixierstelle, und es läßt sich durch Betrachtung bei abgedeckter Umgebung einwandfrei bestätigen. Es muß daher die Nachbarschaft der weißen Flächen sein, welche für deren verschiedene Tönung verantwortlich ist. Die Nachbarschaft ist in der Tat für die Kreuzungen und für die sonstigen Straßenabschnitte unterschiedlich: Das die „Kreuzung" darstellende Quadrat ist an keiner Seite von schwarzen Flächen begrenzt (nur an den vier Ecken), während jedes aus den Straßen herausgeschnittene Quadrat an zwei seiner vier Seiten (und auch an den vier Ecken) von schwarzen Flächen begrenzt ist. Wir müssen also folgern: Helle Nachbarschaft vermindert, dunkle Nachbarschaft erhöht die scheinbare (subjektive) Helligkeit einer Fläche. Damit aber haben wir eine formale Parallele zur Wirkungsweise der lateralen Inhibition konstatiert: Auch sie wirkt sich darin aus, daß schwach gereizte Elemente den Reizeffekt von dazwischen liegenden starken Reizen höher sein lassen als stark gereizte Nachbarschaft (vergleiche Zeile 2 und 2′ mit 6 und 6′).

Sollte die optische Täuschung der Abb. *101,1* auf lateraler Inhibition beruhen, so müßten auch die anderen in den Zeilen 1 bis 6 enthaltenen Effekte nachzuweisen sein. Nach Zeile 1 ist zu fordern, daß unmittelbar an der Grenze zwischen einem schwarzen und einem weißen Feld das Schwarz schwärzer und das Weiß weißer erscheinen muß als im Innern

102,1. Optische Täuschung: Nicht nur die Kreuzungen sind verdunkelt, sondern auch inmitten der hellen Straßen erscheint ein dunklerer Längsstreifen.

der Felder. Dies ist tatsächlich der Fall, nur ist es nicht so deutlich zu erkennen wie die optische Täuschung. Für manchen Beobachter verdeutlicht sich die Erscheinung, während er sich mit den Augen dem Papier nähert oder sich von ihm entfernt, oder wenn er nicht genau auf einen Punkt der Grenzlinie blickt, sondern etwas neben sie. – Weiterhin wäre nach Zeile 4 vorauszusagen, daß *verbreiterte* weiße Straßen einen scheinbaren grauen Mittelstreifen erhalten müßten. Wie die Betrachtung der Abb. *102,1* und der entsprechenden Partien auf der Rückseite des Schutzumschlags dieses Buches zeigt, trifft auch diese Voraussage zumindest für die meisten Beobachter zu.

Womit könnte es nun aber zusammenhängen, daß gerade die Stelle des deutlichsten Sehens des Auges von der optischen Täuschung ausgenommen ist? Hierfür gibt es einen Hinweis, der mit der Vorstellung der lateralen Inhibition nicht im Widerspruch steht: In den seitlichen Teilen der Netzhaut gehen die Fasern, die den Augapfel am „blinden Fleck" verlassen und den Sehnerven bilden, nicht von den Sehzellen aus, sondern von Nervenzellen, den sog. Ganglienzellen. Zwischen den Sehzellen und den Ganglienzellen befindet sich ein kompliziertes Netzwerk von Nervenzellen, die auch seitlich miteinander verflochten sind und daher eine Wechselwirkung nach der Art der lateralen Inhibition gestatten könnten. Dieses Nervengeflecht existiert aber nicht für die Sehzellen der Fixierstelle (daher ist dieses anatomisch ein wenig eingesenkt, wird daher auch Fovea, d. h. Grube, Einsenkung, genannt). Von der Fixierstelle aus gehen die Nervenbahnen der Sehzellen daher unmittelbar, ohne Umschaltung, in den Sehnerven hinein. Daraus läßt sich folgern: Würden die für die optische Täuschung der Abb. *101,1* verantwortlichen Vorgänge in der Netzhaut vor sich gehen (was noch nicht sicher bewiesen ist), so wäre es durch den Mangel eines Nervengeflechts in der Fovea gut zu verstehen, daß gerade dort *keine* laterale Wechselwirkung stattfindet.

Wir können zusammenfassen: Alle Beobachtungen sprechen dafür, daß die optische Täuschung der Abb. *101,1* auf lateraler Inhibition beruht. Da von der Forschung auf diesem Gebiet aber noch keineswegs das letzte Wort gesprochen wurde, stellen wir fest, daß *wahrscheinlich* die laterale Inhibition in den Sehvorgang des Menschen eingefügt und für die optische Täuschung in Abb. *101,1* verantwortlich ist. Wir sprechen also eine (Arbeits-)Hypothese aus.

Die zweite Frage lautet: Welche Leistung könnte die laterale Inhibition innerhalb des Sehvorgangs durchführen? Es muß eine den Sehvorgang *unterstützende* Funktion sein; die optische Täuschung kommt als Funktionsziel natürlich nicht in Frage. Die wahrscheinlichste Antwort lautet: Durch die Schärfung von Kontrasten unterstützt die laterale Inhibition das Erkennen von Konturen und korrigiert dabei gleichzeitig etwaige Unschärfen der optischen Abbildung innerhalb des Auges auf der Netzhaut. Diese Hypothese wird durch folgendes Zahlenbeispiel veranschaulicht:

Gegeben sei folgende Helligkeitsverteilung auf der Netzhaut:

(7) . 16 16 16 17 21 27 31 32 32 32 .

Es handelt sich also um eine ähnliche Verteilung wie oben auf Zeile (1); jedoch ist der Kontrast weniger scharf, er ist in drei etwa gleich große und zwei kleinere Sprünge aufgelöst. In Abb. *104,1* ist dies anschaulich dargestellt. Wir können uns nun entweder vorstellen, es handele sich um die genaue Abbildung eines verwaschenen Hell-Dunkel-Übergangs an einem Gegenstand; oder die Kontur des Gegenstandes selbst sei scharf, sie sei nur unscharf und verwaschen auf der Netzhaut *abgebildet* worden. Falls wir den letzteren Fall annehmen, könnte die ursprüngliche Verteilung folgende gewesen sein *[104,1]:*

(7a) . 16 16 16 16 16 32 32 32 32 32 .

Sie wäre in die Verteilung (7) dadurch übergegangen, daß von jedem Helligkeitspunkt nur $^3/_8$ der Helligkeit in das ihm selbst zugeordnete Helligkeitselement gelangt wäre, $^4/_8$ dagegen je zur Hälfte in die beiden benachbarten und $^1/_8$ je zur Hälfte in die beiderseitigen übernächsten Sehelemente.

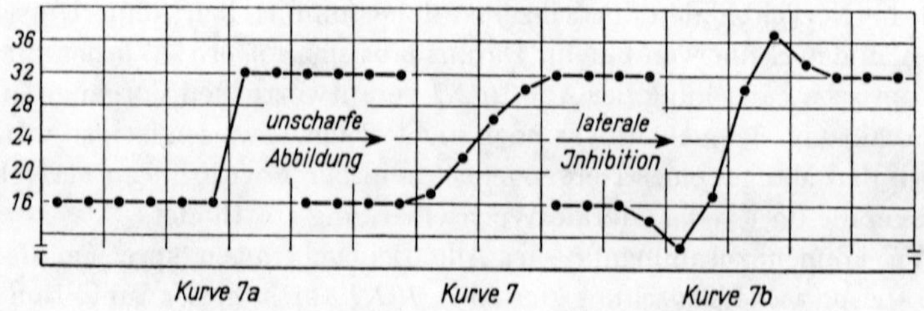

104,1. Die Helligkeitsverteilung links geht durch unscharfe Abbildung in die mittlere Verteilung über, diese durch laterale Inhibition mit dem Inhibitionskoeffizienten 0,4 in die rechte. Der Kontrast, der im ersten Schritt abgeschwächt wurde, wird durch die laterale Inhibition wiedergewonnen.

Läßt man nun auf Verteilung (7) die laterale Inhibition nach Abb. *99,1* einwirken, und zwar mit dem Inhibitionskoeffizienten 0,4, so erhält man mit derselben Rechenmethode wie zuvor (und Multiplikation mit 5, um auf den gleichen Maßstab zu kommen) folgende Reihe von Werten *[104,1]*:

(7b) . 16 16 14 11 17 31 37 34 32 32 .

Es ist also ein großer Helligkeitssprung entstanden; mit 17 → 31 ist er so gut wie ebenso groß wie der ursprüngliche Kontrast 16 → 32 in (7a). Zusätzlich ist allerdings die schon bekannte Überhöhung entstanden, so daß der ursprüngliche Verlauf nicht genau wiederhergestellt ist. Doch dürfte im Ernstfall dieser Nachteil durch den Vorteil des zurückgewonnenen Kontrastes aufgewogen sein.

Wir können also – wenn auch noch nicht mit voller wissenschaftlicher Sicherheit – die Folgerung ziehen: Die laterale Inhibition dient wahrscheinlich zur Verschärfung aller Kontraste innerhalb des gesehenen Bildes, sei es, daß das Umweltbild selbst dadurch klarer wird, sei es, daß Unschärfen, die durch unvollkommene optische Abbildung im Auge entstanden sind, durch sie korrigiert werden.

Betrachten wir abschließend noch einmal das Funktionsschema der lateralen Inhibition auf Abb. *99,1*, so müssen wir zugeben, daß wir ihm seine Eigenschaften und Fähigkeiten ohne mathematische Analyse nicht hätten ansehen können. Wo in der Natur mathematische Operationen eingesetzt sind, um biologische Aufgaben zu erfüllen, kann uns allein die Mathematik dazu verhelfen, sie zu durchschauen und zu verstehen.

E2. Bereichseinstellung (Helligkeits-Adaptation) des Auges

Tritt man an einem hellen, sonnigen Sommertag aus einem dunklen Zimmer oder Hausflur ins Freie, so sind die Augen einige Sekunden, vielleicht sogar eine halbe Minute lang, nicht voll funktionsfähig: Sie sind geblendet und müssen sich erst an die neue Helligkeit „gewöhnen". Entsprechendes, wenn auch mit umgekehrtem Vorzeichen, begegnet uns, wenn wir, aus dem Hellen kommend, einen dunklen Raum betreten: Zunächst sehen wir gar nichts, bis erst nach einiger Zeit allmählich die Formen der Gegenstände hervortreten und ihre normale Tönung erhalten. Würden wir in beiden beschriebenen Fällen unsere Pupillen beobachten, so würden wir feststellen, daß sie – gemäß Abschnitt *C1* – nach dem Heraustreten ins Freie maximal verengt, nach dem Eintreten ins Haus maximal erweitert sind. Der Regelmechanismus, der mit Hilfe der Iris (= Stellglied) die Aufgabe erfüllt, Helligkeitsschwankungen auf der Netzhaut zu kompensieren, ist also in Tätigkeit; aber er ist durch das Ausmaß der Helligkeitssprünge, die hier auszugleichen wären, überfordert. Der Durchmesser der Pupille ändert sich allenfalls um den Faktor 10 (man kann dies bei einer Versuchsperson abschätzen, wenn man einen Längenmaßstab, z. B. ein Lineal, dicht vor ihr Auge hält und Durchmesseränderungen der Pupille daran abmißt). Das bedeutet eine Variation der Pupillenfläche und damit des Lichtflusses um das 100fache; doch wird dieser Höchstwert fast niemals erreicht. Die beschriebenen Helligkeitsunterschiede, bei denen die Blendung bzw. die vorübergehende „Dunkelblindheit" eintreten, sind aber viel größer. Trotzdem vermag sich unser Auge auch auf diese Helligkeitsunterschiede einzustellen. Allerdings geht es langsamer vor sich als die Pupillenreaktion. Hier ist die sog. *Helligkeitsadaptation* am Werk. Sie ist etwas ganz anderes als die Pupillenreaktion; es handelt sich um eine Fähigkeit der Netzhaut, vielleicht im Zusammenwirken mit dem Gehirn.

Wir wollen nun die Helligkeitsanpassung unseres Auges etwas genauer studieren und versuchen, ein Blockschaltbild für ihre Funktionsweise zu erarbeiten. Die Frage, ob das gefundene Schema die Vorgänge im Auge und Gehirn in allen Einzelheiten richtig wiedergibt oder ob die beobachteten Leistungen mit Hilfe eines anderen, ebenfalls denkbaren Funktionsprinzips erfüllt werden, müssen wir in diesem Beispiel allerdings offen lassen, weil die wissenschaftliche Forschung diese Frage z. Zt. (1969) noch nicht hat klären können.

2a. Was bedeuten die Begriffe „schwarz" und „weiß"? Zwar sieht man im ersten Augenblick nicht ein, was diese Frage mit dem Problem der Helligkeitsadaptation zu tun haben soll; doch wird dies bald klar werden. Man wird zunächst auf die Frage antworten: „Schwarz und weiß sind Helligkeitswerte, die durch eine Reihe von Grautönen fließend miteinander verbunden sind. Weiß ist stets viel heller als schwarz". Wir wollen prüfen, ob sich die Helligkeiten von weiß und schwarz durch Messungen festlegen lassen, so daß man die eben formulierte Antwort zahlenmäßig fixieren könnte – etwa nach dem Schema: Schwarz bedeutet bis zu „x" Einheiten Helligkeit, weiß über „y" Einheiten. Doch werden wir feststellen, daß eine derartige Festlegung unmöglich ist.

Versuch 2a. Zur Helligkeitsmessung kann man einen photographischen Belichtungsmesser verwenden, wie er heute zu fast jeder privaten photographischen Ausrüstung gehört; man kann im voraus testen, einen wie großen Raumwinkel das „Gesichtsfeld" des Belichtungmessers einnimmt. Zur Messung verwende man zwei genügend große Flächen, am besten einen weißen und einen schwarzen Bogen Plakatkarton; ein noch tieferes Schwarz bietet schwarzer Samt, ein noch helleres Weiß eine mit Magnesiumoxyd „berußte" Fläche. Die erste Messung führe man – das ist wichtig, um genügend Helligkeit zur Verfügung zu haben – im Freien an einem strahlend hellen Tage durch. Die beiden Flächen sollen voll vom Sonnenlicht getroffen werden. Der Belichtungsmesser wird so nahe an die jeweilige Fläche herangehalten, daß sein ganzes Gesichtsfeld von ihr ausgefüllt wird; doch soll natürlich möglichst kein Schatten auf die Fläche fallen. Das ist zu bewerkstelligen, indem man die Fläche ein wenig schräg gegen die Sonne stellt und auch den Belichtungsmesser etwas schräg gegen die Fläche richtet. – Die für „schwarz" und „weiß" gemessenen Helligkeitswerte werden notiert.

Dann wird der Versuch bei abgeschwächtem Tageslicht im Zimmer oder im Gang des Gebäudes wiederholt. Vor der Messung ist es zweckmäßig, eine nicht mit dem Problem befaßte Person, die auch die erste Messung nicht kennt, zu fragen, welche Tönung die beiden Flächen haben. Falls man keinen allzu dämmrigen Raum gewählt hat, wird die Antwort ohne Zögern bestätigen, daß es sich um „schwarz" und „weiß" handelt. – Nun wird die Messung durchgeführt. Wenn man keine Fehler gemacht hat, so ergibt sich: Das Weiß im dunkleren Raum ist – gemessen mit dem elektrischen Belichtungsmesser – viel dunkler als das Schwarz im Sonnenlicht, d. h. es sendet viel weniger Licht in den Belichtungsmesser bzw. in das betrachtende Auge hinein als das hell beleuchtete Schwarz. Trotzdem ist es merkwürdigerweise als weiß zu erkennen. Im Widerspruch zu dem oben geschriebenen Satz hat sich also in unserer Messung, als wir aus dem Freien in den dunkleren Raum überwechselten, schwarz als heller als weiß erwiesen! Wie ist dieses Paradoxon zu lösen? Wie ist die richtige Begriffsbestimmung von schwarz und weiß?

Versuch 2b. Um dieser Frage näher zu kommen, wollen wir zunächst weitere Messungen anstellen. Dazu brauchen wir nicht mehr einen besonders schwach beleuchteten Raum zu wählen, sondern können Helligkeiten verwenden, bei welchen der Belichtungsmesser sowohl bei weiß als bei schwarz deutlich anzeigt (z. B. im Schatten von Bäumen, oder aber, was besonders eindrucksvoll ist, in zeitlichen Abständen während zunehmender Dämmerung). Jedesmal soll nun auch die Helligkeit der Helligkeitsquellen (Sonne, Himmel usw.) mitgemessen werden, vor allem, wenn der Belichtungsmesser eine besondere Einrichtung hierfür besitzt, was bei den modernen Typen gewöhnlich der Fall ist. – Wenn die Messungen keine Fehler enthalten, so ergibt sich: Solange der Belichtungsmesser deutlich ablesbare Werte anzeigt, sind schwarz und weiß um immer die gleiche Anzahl von Skalenteilen voneinander unterschieden. Erst bei ganz geringer Beleuchtung, bei welcher der Zeiger gar nicht mehr ausschlägt, fallen die Messungen für schwarz und weiß zusammen; dies entspricht dann für den Belichtungsmesser derjenigen Dunkelheit, bei welcher, wie das Sprichwort sagt, „alle Katzen grau sind" (auch schwarze und weiße).

Was bedeutet der stets gleiche Abstand zwischen schwarz und weiß auf der Skala des Belichtungsmessers? Daß weiß stets *um gleich viel Lichtmenge* heller ist oder daß es stets *gleich vielmal* heller ist als schwarz? Um dies zu beantworten, müssen wir wissen, ob die Skala des Belichtungsmessers eine arithmetische oder eine geometrische Zahlenreihe darstellt. (Ein Beispiel für eine arithmetische Reihe wäre: 1 12 23 34 45 56 67; ein Beispiel für eine geometrische Reihe: 1 2 4 8 16 32 64.) Ein Blick auf die Skala genügt, um festzustellen, daß die zweite der beiden Alternativen zutrifft. Unser Ergebnis lautet daher: Weiß ist bei allen geprüften Beleuchtungsstärken *gleich vielmal*, d. h. um den *gleichen Faktor* heller als schwarz. Dieser Faktor liegt – je nach den verwendeten Materialien – zwischen 12 und (bei schwarzem Samt und MgO) 50. – Hat man die Beleuchtungsstärke mitgemessen, so findet man dort etwas Ähnliches: Die Beleuchtungsstärke ist stets *um den gleichen Faktor* höher als das vom Weiß bzw. vom Schwarz ausgehende Licht.

Aus diesen Ergebnissen läßt sich nun leicht die zutreffende Begriffsbestimmung für schwarz und weiß entwickeln: Selbstverständlich muß weiß (und erst recht schwarz) dunkler sein als die Beleuchtung, denn es ist ja selbst keine Lichtquelle, sondern wirft nur einen Teil dessen zurück, was es von der Lichtquelle empfängt. Da die Beleuchtungsstärke und das Weiß stets im gleichen Stärkeverhältnis zueinander stehen, bedeutet das, daß die weiße Fläche bei jeder Beleuchtung *den gleichen Prozentsatz* des auf sie treffenden Lichtes zurückwirft; und das gleiche gilt – mit anderem Prozentsatz – auch für schwarz. (Das nicht zurückgeworfene Licht wird in den Farbstoff aufgenommen und dort in Wärme verwandelt; deshalb wird ein dunkler Körper in der Sonne auch schneller warm als ein heller.) Die kennzeichnenden Anteile sind für weiß 70 bis 90%, für schwarz 2 bis 6% Rückstrahlung des eintreffenden Lichts. Schwarz und weiß sind also gekennzeichnet durch den Prozentsatz des auftreffenden Lichts, den sie zurückwerfen. Weiß wirft 12 bis 50 mal mehr Licht zurück als schwarz. Damit sind schwarz und weiß also Eigenschaften von Oberflächen. Sie sind nicht abhängig von der gerade herrschenden Beleuchtung, extreme Dunkelheit natürlich ausgeschlossen. Sie bedürfen jedoch der Beleuchtung, um sich zu offenbaren. Die richtige Antwort auf die Frage „Was bedeuten die Begriffe *schwarz* und *weiß?*" lautet also: Die Begriffe schwarz und weiß kennzeichnen die Eigenschaft von Oberflächen, einen kleineren oder größeren (Prozent-)Anteil von auftreffendem Licht gestreut zurückzuwerfen. Als „schwarz" empfindet man einen Reflexionsgrad von etwa 8% und darunter, als „weiß" einen solchen von etwa 70% und darüber. (Das Wort „gestreut" wurde in den ersten Satz der Begriffsbestimmung aufgenommen, um den Unterschied zur *Spiegelung* anzudeuten.)

2b. Die Aufgabe, schwarz und weiß trotz verschiedener Beleuchtung wiederzuerkennen. Wir erkennen, ohne darüber nachzudenken, schwarz und weiß bei den verschiedensten Beleuchtungen richtig wieder; erst der unbestechliche Belichtungsmesser klärt uns zu unserer Überraschung darüber auf, daß das klar erkannte Weiß bei der einen Beleuchtung eigentlich viel dunkler ist als das ebenso klar erkannte Schwarz bei einer anderen. Unser Bewußtsein empfängt also die zutreffende Information über die Oberflächen-Eigenschaften schwarz und weiß, obwohl die ins Auge tretenden Meldungen diese Information gar nicht getreu, sondern je nach der Beleuchtung völlig anders, also eigentlich verfälscht in sich tragen. Trotzdem löst aber unsere Wahrnehmung die Aufgabe, die „reine" Information zu gewinnen, ohne unser Zutun, ja ohne daß wir von dieser Leistung überhaupt etwas merken. Wir sehen die „richtigen" Tönungen der Oberflächen der Gegenstände, so als ob es das Problem der verschiedenen Beleuchtung, welche doch den Lichtfluß von den Oberflächen aus entscheidend mitbestimmt, gar nicht gäbe. Unsere Wahrnehmung scheint dafür geschaffen zu sein, gerade die Tönungen der Oberflächen, also Gegenstandsmerkmale zu registrieren, ohne sich um verschiedene Beleuchtungen zu kümmern. Das ist natürlich an sich biologisch überaus sinnvoll: Wir können Gegenstände an ihren kennzeichnenden Oberflächeneigenschaften erkennen und wiedererkennen, ohne dabei durch verschiedene Beleuchtung irregeführt zu werden. Mit welcher Methode aber gelingt unserer Wahrnehmung dieses Kunststück?

Bevor wir an diese Frage herantreten, wollen wir uns klarmachen, daß es in der Photographie ein ähnliches Problem gibt: Das fertige Schwarz-Weiß-Bild soll ja ebenfalls die Information über die Verteilung von Schwarz, Weiß und Grau in der Umwelt möglichst unverfälscht wiedergeben, und dies bedeutet natürlich auch dort, die Einflüsse verschiedener Beleuchtung auszuschalten. Wenn man dies unterläßt und ein bestimmtes Motiv zu verschiedenen Tages- und Dämmerungszeiten ohne Veränderung der Kamera und des Films (z. B. bei Blende 4, 1/25 sec Belichtung und 17/10 Filmempfindlichkeit) aufnimmt, so sind manche Bilder über- und manche unterbelichtet, und nur einige erscheinen in den richtigen Helligkeits-Abstufungen. Nur bei diesen letzteren ist die Information unverfälscht wiedergegeben, schwarz also als schwarz und weiß als weiß abgebildet. Wie erreicht man es nun, daß man auf allen Bildern die richtigen Helligkeitswerte bekommt? Man mißt mit dem Belichtungsmesser die absolute Helligkeit und wählt danach eine geeignete Kombination von Blende, Belichtungszeit und Filmempfindlichkeit! Es gibt bei wechselnder Beleuchtung, wie man sich leicht klarmachen kann, keine denkbare Möglichkeit, ohne zumindest indirekte Kenntnis der absoluten Beleuchtungsstärke richtig belichtete Bilder zu erhalten.

2c. Eine funktionelle Lösung des Problems. Einige Tierklassen besitzen außer ihren eigentlichen (Haupt-)Augen ein, zwei oder drei kleine *Nebenaugen* auf der Stirn oder dem Scheitel. Bei den meisten flugfähigen Insekten kann man drei „Ocellen“ (lat. Äuglein) ohne Mühe mit der Lupe auf der Stirn erkennen. Manche Kriechtiere (Reptilien) besitzen unter der Haut ein „Scheitelauge“; bei unserer Zauneidechse ist sein Platz an einer grau durchscheinenden Hautstelle zu erkennen. Vielleicht erfüllen manche dieser Nebenaugen die Rolle von Helligkeitsmessern, entsprechend den photographischen Belichtungsmessern; doch ist in der Forschung hierüber noch nicht das letzte Wort gesprochen. Immerhin wollen wir überlegen: Welchen Einfluß müßte die Meldung eines solchen „Photometerauges“ theoretisch auf die Meldungen der bildaufnehmenden Augen ausüben, um bei Beleuchtungsschwankungen das Erkennen von schwarzen, grauen und weißen Oberflächentönungen zu ermöglichen? Diese Fragestellung ist in Abb. *110,1* schematisch dargestellt.

Zunächst sei eine Helligkeit gegeben, bei welcher das Auge gerade in einem Zustand ist, in dem es schwarz und weiß zutreffend ans Gehirn meldet. Nehmen wir ein Schwarz an, das 5%, und ein Weiß, das 75%

seiner Beleuchtung zurückwirft, so empfängt das Auge für schwarz eine Helligkeitsmeldung von dem Betrag 5, für weiß eine solche von dem Betrag 75 (willkürliche Einheiten). Jetzt nehmen wir an, die Lichtquelle verstärke sich auf das 10fache, beispielsweise trete plötzlich die Sonne hinter Wolken hervor. Jetzt geben – gemäß Abschnitt *1a* – sowohl die schwarze als die weiße Oberfläche die 10fache Strahlungsmenge ins Auge des Betrachters als zuvor, d. h. die eintreffenden Meldungen haben (in den gewählten Einheiten) die Beträge 50 und 750. Die erste der Meldungen („schwarz") bedeutet jetzt eigentlich „helles Grau", die zweite

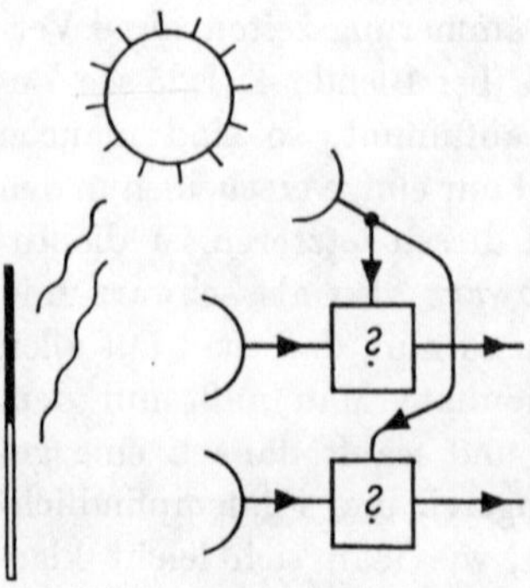

110,1. Veranschaulichung der Fragestellung: Welchen Einfluß müßten die Meldungen eines „Photometerauges" auf die Meldungen von Sehelementen ausüben, um bei Helligkeitsschwankungen der Lichtquelle das Wiedererkennen von schwarzen und weißen Oberflächen zu ermöglichen? Die Lichtquelle (oben) beleuchtet die schwarze und weiße Fläche (links), und ihre Helligkeit wird vom „Photometerauge" (nach links oben gerichtet) gemessen.

(„weiß") wird heftige Blendung bewirken. Aber auch das „Photometerauge" hat die Helligkeitsänderung registriert. Die Frage lautet: Durch welche mathematische Operation können mit seiner Hilfe die ursprünglichen Werte, also die Meldungen „schwarz" und „weiß", wieder hergestellt werden? Zunächst ist klar: Eine Vergrößerung der Meldung im Photometerauge muß immer dazu führen, daß die Hauptaugen-Meldungen *verringert* werden; nur dies kann die Verfälschung der Schwarz- und Weiß-Meldungen rückgängig machen. Wir setzen nun an Stelle der Fragezeichen in Abb. *110,1* versuchsweise zunächst eine *Subtraktion* ein. Dabei merken wir aber: Es läßt sich keine Zahl finden, welche die beiden ursprünglichen Werte 5 und 75 durch Subtraktion einer und derselben Zahl aus 50 und 750 wieder herstellen könnte. – Das gewünschte Ergebnis zeigt sich aber sofort, wenn die Hauptaugen-Meldungen durch die Photometer-Meldungen – hier durch 10 – *dividiert* werden.

Hiermit ist eine erste Lösung für das Problem der Schwarz-Weiß-Wahrnehmung bei wechselnder Beleuchtung gefunden: Ein Meß-System liefert bei wechselnder Beleuchtung gleichbleibende kennzeichnende Werte für schwarz, weiß und alle Grauwerte, wenn alle Meldungen durch die gesondert gemessene Intensität der Lichtquelle *dividiert* werden. Man drückt dies auch folgendermaßen aus: Durch Division durch die Lichtintensität wird die Messung des Reflexionsgrades von Oberflächen „invariant“ gegen Beleuchtungsänderungen. Eine dritte Beschreibungsweise ist diese: Durch die Einstellung eines für alle Sehzellenmeldungen gültigen Abschwächungs- (oder Verstärkungs-) Grades wird der zu der jeweiligen Beleuchtungsstärke passende „Meßbereich“ eingestellt; denn bei jeder Beleuchtungsstärke sind Gegenstandshelligkeiten eines bestimmten Bereichs zu erwarten (2 bis 90% der Beleuchtungsstärke), weder darüber noch darunter, und diesem Bereich ist die Meßskala schwarz ... weiß angepaßt.

2d. Lösung des Problems ohne gesonderten Helligkeitsmesser. Beim Menschen und bei den meisten Tierarten sind keine Nebenaugen zu finden, die als absolute Helligkeitsmesser in Frage kommen. Die Invarianz der Schwarz-, Weiß- und Grauwahrnehmung gegen Beleuchtungsänderungen ist aber prinzipiell nicht ohne Einrechnung – genauer: nicht ohne Division durch die Beleuchtungsstärke zu erreichen. Wie ist hierbei ohne einen unabhängig gewonnenen Photometerwert auszukommen? Die Antwort lautet: Das System kann, so paradox es zunächst klingen mag, die zu korrigierenden Meldungen selbst dazu verwenden, und zwar, indem es die Durchschnittshelligkeit über das ganze Gesichtsfeld gewinnt; durch diesen Betrag wird dann jeder Einzelwert dividiert.

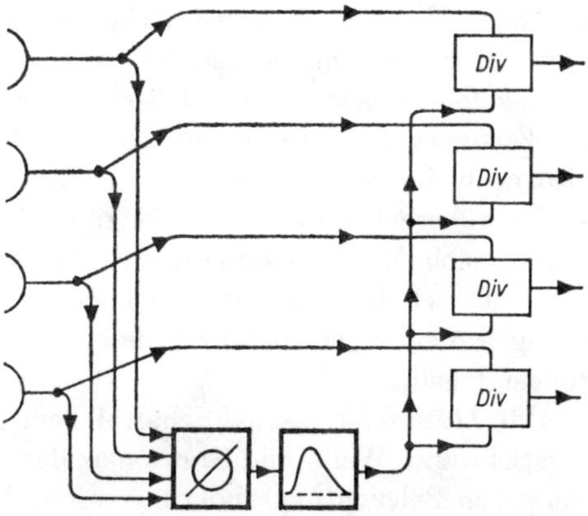

111,1. Schaltbild eines Adaptations-Systems ohne gesondertes Photometer mit vier Eingangselementen. Die Meldungen jedes Eingangselementes gelangen an zwei Stellen: An die Divisionselemente (rechts) und nach unten an den Mittelwertbildner. Weitere Erklärungen im Text.

Das Schaltbild der Abb. *111,1* gibt alle beobachteten Eigenschaften unserer Helligkeits-Adaptation wieder. Um dies nachzuprüfen, setze man voraus, vor den vier Eingangselementen befänden sich Gegenstände verschiedener Tönung; diese ist jeweils durch den Prozentsatz des gestreut zurückgeworfenen Lichts definiert. Z. B. sei der oberste Gegenstand weiß und reflektiere 80% des auftreffenden Lichts, die beiden darunterliegenden seien hell- bzw. dunkelgrau mit den Reflexionswerten 55% und

20%, und der unterste sei schwarz und reflektiere 5%. Die Lichtquelle, welche die Gegenstände beleuchtet, habe eine bestimmte Leuchtstärke, z. B. (in willkürlichen Einheiten) 100. Nunmehr errechnet man den Reizeinstrom in die Eingangselemente (in unserem Beispiel 80, 55, 20, 5) sowie den im unten links befindlichen Element entstehenden Durchschnittswert (40). Daraus ergeben sich dann durch die vier Divisionsprozesse die endgültigen Helligkeitsmeldungen (2; 1,375; 0,5; 0,125), welche ans Bewußtsein weitergegeben werden könnten. – Nunmehr lasse man die Helligkeit der Lichtquelle zu- oder abnehmen, z. B. von 100 auf 500 oder auf 20, und verfolge, was geschieht: Die Eingangselemente empfangen jetzt veränderte Meldungen; es bildet sich auch ein neuer Durchschnittswert, und dieser gelangt als neuer Divisor an die vier Divisionsinstanzen. Aus der dort stattfindenden Verrechnung ergibt sich dann überraschend, daß die nach rechts weitergemeldeten Werte die gleichen sind wie vor der Beleuchtungsänderung! Die endgültigen Meldungen spiegeln also allein den Reflexionsgrad der Oberflächen der Gegenstände wider und sind unabhängig von der Helligkeit der Beleuchtungsquelle.

Allerdings stellt sich das System bei plötzlichen Beleuchtungsänderungen nur langsam von einem zum anderen „Adaptationszustand" um. Dies ist im Schaltbild dadurch berücksichtigt, daß dem Durchschnittsbildner ein träges Übertragungsglied nachgeschaltet ist, welches den Änderungen seines Einstroms nur allmählich die entsprechende Änderung des Ausstroms folgen läßt; solche Übertragungsglieder bezeichnet man auch als *Verzögerungsglieder*. Unmittelbar nach der Helligkeitsänderung wird also noch durch den vorherigen Divisor dividiert, und alle Meldungen sind vorübergehend zu hoch oder zu niedrig; das System ist „geblendet" oder – nach Abschwächung der Helligkeitsquelle – „dunkelblind". Erst nachdem sich der neue Divisor eingestellt hat, erkennt man, daß die endgültigen Meldungen dieselben sind wie vor der Änderung der Beleuchtungsintensität.

Abb. *111,1* zeigt also das Schaltbild eines Systems für die Registrierung von Schwarz-, Weiß- und Grautönen, das in den oben angegebenen Grenzen gegen Beleuchtungsänderungen invariant ist. Es zeigt in dieser Hinsicht das gleiche Verhalten wie die menschliche Hell-Dunkel-Wahrnehmung und Helligkeits-Adaptation. Es demonstriert eine Lösung der in *1b* gestellten Aufgabe: Schwarz und weiß trotz verschiedener Beleuchtung wiederzuerkennen.

2e. Funktionelle und biologische Diskussion des Wirkungsgefüges. Das auf Abb. *111,1* dargestellte Wirkungsgefüge hat Vorteile und Nachteile gegenüber dem zuerst beschriebenen und auf Abb. *110,1* dargestellten: Ein Vorteil liegt darin, daß kein besonderes Meß- bzw. Sinnesorgan notwendig ist, um die Konstanzleistung (Invariantenbildung) durchzuführen. *Kein* Nachteil ist es, daß nicht die Helligkeitsquelle, sondern die Gegenstandshelligkeit gemessen und verwendet wird; auch bei modernen Belichtungsmessern kann man wahlweise die eine oder die andere Messung durchführen und muß dazu nur am Gerät eine Umschaltung vornehmen, welche die Empfindlichkeit verändert bzw. einem konstanten Faktor entspricht, mit dem das Meßergebnis multipliziert wird. Ein wirklicher Nachteil liegt aber darin, daß die Messungen nur dann vergleichbare Werte liefern, wenn die Verteilung der Tönungen im Gesichtsfeld dieselbe bleibt. Wenn z.B. einmal lauter schwarze Gegenstände im Gesichtsfeld sind, wird der Durchschnittswert tiefer liegen als bei gleich beleuchteten grauen Gegenständen, und das Schwarz wird sich in der Wahrnehmung als etwas zu hell darstellen. Vielleicht liegt aber in der dadurch erreichten größeren Deutlichkeit des Bildes doch sogar ein gewisser Vorteil, der den Nachteil der eingeschränkten Helligkeitskonstanz aufwiegt.

Auf Grund der Gleichheit der Leistungen der Helligkeitswahrnehmung des Menschen und des Wirkungsgefüges der Abb. *111,1* ist die Hypothese berechtigt, daß unser Wahrnehmungssystem nach dem dargestellten funktionellen Prinzip arbeitet. Einen sicheren Schluß könnte man jedoch nur ziehen, wenn das gefundene Funktionsprinzip bewiesenermaßen das einzige denkbare wäre, das die biologische Leistung wiedergibt. Das ist hier aber nicht der Fall; denn auch ein Regelkreis, also ein System mit negativer Rückwirkung, könnte das gleiche leisten. Im Prinzip tut dies ja der in *C1* behandelte Pupillenreaktions-Regelkreis auch, wenn auch nicht in einem so weiten Ausmaß; ferner spielt hier das dynamische Gleichgewicht zwischen Bleichung (Zersetzung) und Neusynthese der Sehstoffe eine entscheidende Rolle. Der Vergleich zwischen den Abbildungen *111,1* und *45,1* lehrt mit besonderer Eindringlichkeit, daß gleiche funktionelle Ziele bisweilen mit ganz verschiedenen Prinzipien zu erreichen sind.

Das der Abb. *111,1* zugrundeliegende Funktionsprinzip wurde ursprünglich beim Studium der Lichtwachstumsreaktion eines niederen Pilzes aufgestellt (Delbrück und Reichardt). Es ist inzwischen auch ins Elektronische übersetzt und technisch in einem System angewendet worden, in dem Helligkeits-Unterschiede zu messen sind: In einem Polarimeter der Firma Zeiss (Wenking).

E 3. Bedingter Reflex, Lernmatrix

Als *Reflexe* bezeichnet man in der Biologie einfache Verhaltensweisen, die mit der Sicherheit eines Automaten durch Sinnesreize ausgelöst werden. Um den *Lidschlußreflex* zu demonstrieren, stelle man eine Vp. mit dem Rücken an eine Wand; der Versuchsleiter bewegt dann seine mit den Fingern nach oben nebeneinander gehaltenen Handflächen schnell auf das Gesicht der Vp. zu, um erst ganz dicht vor deren Augen die Hände auseinanderzuführen und an beiden Seiten des Kopfes vorbei auf die Wand treffen zu lassen. Auch bei stärkster Willensanspannung wird es der Vp. nicht gelingen, den Lidschlußreflex zu unterdrücken und die Augen offenzuhalten. – Ein anderer bekannter Reflex ist der *Kniesehnenreflex;* man kann ihn durch einen geschickten leichten Schlag auf die Kniesehne dicht unterhalb der Kniescheibe des im rechten Winkel gebeugten Beines der Vp. auslösen. Durch den (am besten mit einem Reflexhammer oder mit der Kante der Hand ausgeübten) leichten Schlag wird der mit der Kniesehne verbundene Streckmuskel des Kniegelenks, ein Oberschenkelmuskel, etwas gedehnt und zieht sich daraufhin reflektorisch kurz zusammen (Muskelzuckung).

Der Oberbegriff zu dem des Reflexes ist der Begriff der *Reaktion.* Als Reflexe bezeichnet man besonders kurzdauernde und einfache Reaktionen.

3*a*. *Bedingte Reflexe.* Die eben beschriebenen Reflexe braucht der Mensch nicht zu lernen; sie sind seinem Erbgut fest eingeprägt. Der berühmte russische Physiologe Pawlow entdeckte aber bereits vor vielen Jahrzehnten die Möglichkeit, ähnliche Reaktionen auch durch Lernen neu zu erwerben. Eines seiner klassischen Experimente zur Erzeugung eines solchen „*bedingten Reflexes*“ war das Folgende:

Wenn ein hungriger Hund Nahrung wahrnimmt, so sondern seine Speicheldrüsen und seine Magendrüsen Speichel bzw. Magensaft ab. Letzteren beobachtete Pawlow durch eine chirurgisch hergestellte Verbindung vom Magen des Hundes nach außen. Beide Drüsenreaktionen sind angeborene Reaktionen des Tieres. Durch Läuten mit einer Glocke läßt sich die Sekretion von Speichel und Magensaft selbstverständlich von Natur aus nicht auslösen. Läßt man nun aber kurz vor jeder Futtergabe ein Glockenzeichen ertönen, so ändert sich dadurch, wenn auch äußerlich zunächst nicht erkennbar, die Schaltung im Zentralnervensystem: Denn nach mehrfacher Wiederholung der Futtergabe bei vorherigem Glockenzeichen löst auch das Glockenzeichen allein, ohne Futtergabe, die Speichel- und Magensaftsekretion aus. Auf Grund der wiederholten zeitlichen Nähe zwischen ursprünglichem („unbedingten“) und neuem („bedingten“) Reiz hat sich eine Verknüpfung, ein „*bedingter Reflex*“ zwischen Glockenzeichen und Drüsensekretion ausgebildet.

Die deutschen Worte „bedingt“ und „unbedingt“ werden in dieser Fachwort-Verbindung in einem Sinn verwendet, der vom sonstigen Sprachgebrauch abweicht: im Sinne von „*erfahrungs*bedingt“ und „*nicht* erfahrungsbedingt = *angeboren*“.

Die Pawlowschen Drüsenreaktionen stellen einen Sonderfall unter den Reflexen dar, weil sie in einen größeren Zusammenhang, das Appetenzverhalten für die Ernährung, eingebaut sind. Daher sind sie auch nicht immer auslösbar, sondern nur, wenn das Versuchstier hungrig ist. Daß man diese Reaktion trotzdem häufig zur Einführung des Begriffs des bedingten Reflexes verwendet, hat vorwiegend historische Gründe.

Abb. *115,1* zeigt schematisch die Zusammenhänge bei der Bildung eines bedingten Reflexes: Im obersten Teilbild ist die Verbindung zwischen dem Sinnesorgan des unbedingten Reizes S_u und der angeborenen Reflexantwort gezeichnet; der sekundäre Reiz S_b wird zwar von seinem Sinnesorgan aufgenommen, steht aber zunächst in keiner funktionellen Verbindung zu den Strukturen der ursprünglichen Reaktion. In der Mitte ist veranschaulicht, daß an einem bestimmten vorgegebenen Ort im ZNS

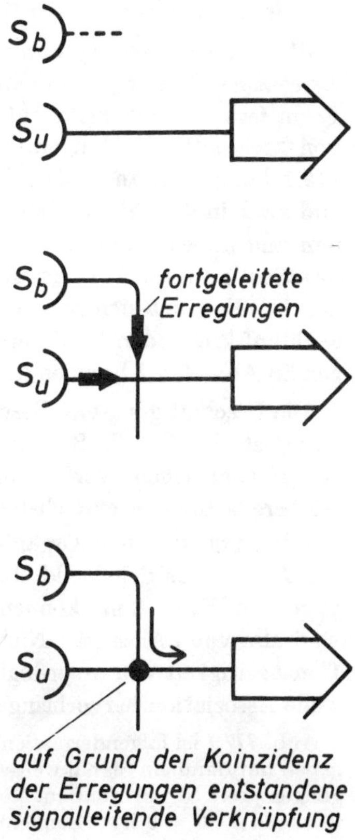

115,1. Stadien der Bildung eines bedingten Reflexes. Die international übliche Abkürzung S für „Reiz" leitet sich von dem lateinischen (und englischen) Wort *stimulus* her.

die Signale vom ursprünglich auslösenden und vom zusätzlichen Reiz zugleich eintreffen, wodurch eine nervöse Verbindung zwischen diesem und dem ursprünglichen Reflex geknüpft wird. Wir müssen uns vorstellen, daß die Meldung über S_b etwas längere Zeit von ihrem Sinnesorgan bis zur Überkreuzungsstelle brauchen als die Meldungen über S_u. – Im untersten Teilbild ist die neu entstandene Verbindung des „bedingten Reflexes“ eingezeichnet; der ursprüngliche Reiz ist nicht mehr zur Auslösung der Reaktion notwendig.

Das Nervensystem antwortet also auf *zeitliche Beziehungen* zwischen Reizen mit der *Bildung funktioneller Verbindungen* („*Assoziationen*“). Was dabei im einzelnen geschieht, hat die Forschung bislang noch nicht ergründen können; wir erkennen die Veränderungen im Nervensystem nur an der Änderung des Verhaltens.

Nicht alle angeborenen Reflexe eignen sich als Grundlage für die Bildung bedingter Reflexe. So ist es beispielsweise noch nicht gelungen, den *Kniesehnenreflex* nach entsprechender Dressur durch bedingte Reize auszulösen.

3b. Modellvorstellung einer Assoziationsbildung mit Hilfe kreisender Erregungen. Wie in *D8* beschrieben, läßt sich Information nicht nur in Form fester räumlicher Strukturen speichern, sondern auch in Gestalt von kreisenden Meldungen. Die Bildung bedingter Reflexe nach Abb. *115,1* kann man auch als „Speicherung von Information“ betrachten, und zwar in dem Sinne, daß die wiederholte zeitliche Nähe von bedingtem und unbedingtem Reiz in Form der funktionellen Kopplung („*Assoziation*“) zwischen beiden Reizen und der Reaktion festgehalten worden ist. Es fragt sich nun, ob diese Art der Informations-Speicherung auch auf kreisenden Meldungen anstatt auf strukturellen Verbindungen gemäß Abb. *115,1* beruhen könnte.

Die Beschäftigung mit dieser Frage schult zwar die funktionelle Phantasie, ist aber für die Biologie, wie sich am Ergebnis zeigen wird, ohne wissenschaftlichen Wert; denn der Aufwand an notwendiger Struktur ist bereits für den einfachsten denkbaren Fall so groß, daß seine Verwirklichung in einem Organismus überaus unwahrscheinlich ist. Abb. *117,1* zeigt das Schaltbild. Ihm liegen zwei vereinfachende Annahmen zugrunde: Beide Reize können nur in einer Einheits-Intensität auftreten, sind also von „Alles-oder-Nichts“-Charakter; und bereits eine einmalige Gleichzeitigkeit von ursprünglichem und zu assoziierendem Reiz soll die volle Assoziation hervorbringen.

Abb. *117,1* ist folgendermaßen zu verstehen: Die Multiplikations-Instanzen geben nur dann ein Signal weiter, wenn sie gleichzeitig von ihren beiden Eingängen je ein Signal erhalten. Nur *ein* Signal genügt nicht, denn nur $1 \cdot 1 = 1$, während $1 \cdot 0 = 0$ ist. (Elemente einer solchen „Multiplikations“-Funktion werden in der formalen Logik mit dem Zeichen „&“ markiert und als „*Und-Glieder*“ bezeichnet, und zwar weil der eine „*und*“ der andere Eingang die Meldung „1“ zubringen müssen, damit eine Ausgangsmeldung weitergegeben wird.) Von der mittleren Bahn zweigt ein Weg ab, um nach einem Kreisbogen wieder in sie einzumünden. Damit ist folgendes gemeint: Wenn sich einmal ein Signal auf diesem Weg befindet, läuft es so lange im Kreise herum, bis es wieder von außen her ausgelöscht wird. Jedesmal aber, wenn es an den durch einen schwarzen Punkt gekennzeichneten Verzweigungspunkt kommt, läuft auch ein Signal nach rechts weiter. Die Signal-Kreisbahn ist also, solange ein Signal umläuft, ein Dauergenerator für Signale im zeitlichen Abstand einer Kreisbahn-Umlaufzeit.

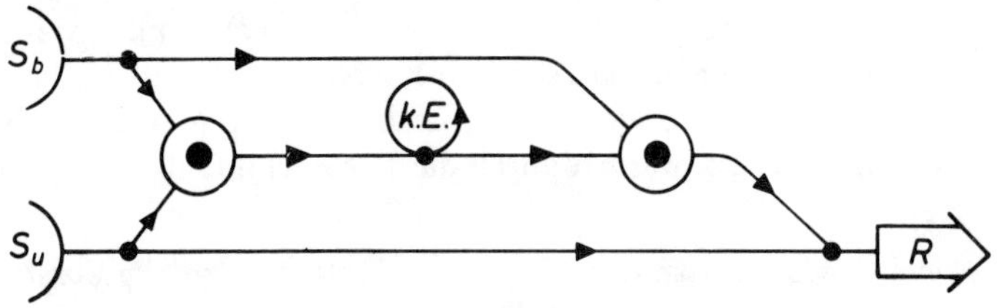

117,1. Schaltbild eines bedingten Reflexes, der nicht durch Bildung einer „bedingten Verknüpfung", sondern durch Anstoßen einer *kreisenden Erregung* (k. E.) entsteht.

Nun ist das Schaltbild leicht verständlich: Ein Signal auf der Bahn des ursprünglichen Reizes erreicht sein Ziel, die Auslösung der Reaktion, jederzeit ohne Hindernis. Ein Signal aus dem Sinnesorgan für S_b gerät aber – wenn nicht gleichzeitig auch das Sinnesorgan für S_u gereizt wurde – an die beiden &-Elemente und erlischt dort. Werden aber beide Sinnesorgane gleichzeitig erregt, so kommt ein Signal vom linken &-Element an die Kreisbahn. Von da an gehen von dieser periodisch Signale an das rechte &-Element ab. Dies geschieht nach der dem Schaltbild zugrundeliegenden Vorstellung in so dichter Zeitfolge, daß *jede* Meldung eines bedingten Reizes im rechten &-Element auf ein von der Kreisbahn her stammendes Signal trifft. Dies führt zur Weitergabe einer Meldung und zur Auslösung der Reaktion. Damit ist das rechte &-Element praktisch für alle S_b-Meldungen durchgängig, sofern ein Signal in der Kreisbahn umläuft. Damit wird das Sinnesorgan für S_b auf Grund einer einmaligen Koinzidenz zwischen ursprünglichem und bedingtem Sinnesreiz zum bleibenden Auslöser der Reaktion.

Überdenkt man das Schaltbild der Abb. *117,1*, so wird man feststellen: Keine der dort verwendeten Instanzen darf wegfallen, ohne die Funktion des ganzen Systems zu blockieren; aller Aufwand ist also notwendig. Dies – sowie mehrere andere Gründe – lassen es sehr unwahrscheinlich erscheinen, daß die Knüpfung von Assoziationen im ZNS der Organismen auf diese Weise vor sich gehen kann.

3c. Lernmatrix. Auf welche Weise sich im Zentralnervensystem neue Verknüpfungen auf Grund gleichzeitiger Reize bilden, wissen wir noch nicht; daß es geschieht, ist jedoch eine Tatsache. Der Nachrichtentechniker K. Steinbuch hat diesen Tatbestand – „gleichzeitige Signale in zwei Leitungen erzeugen eine Verbindung zwischen diesen Leitungen" – zum Grundgedanken für ein theoretisches System verwendet, das er „*Lernmatrix*" nannte und das er auch mit Bausteinen der Technik in Form von Funktionsmodellen verwirklichte. Das Besondere an der Schaltung der Lernmatrix besteht zunächst darin, daß Verknüpfungen nicht nur zwischen unterschiedlichen Meldungen, sondern auch zwischen *unterschiedlichen Kombinationen gleicher Elementarmeldungen* ausgebildet werden können. Dies wird gleich durch ein Beispiel demonstriert werden. Ferner hat die Lernmatrix die Eigenschaft eines *korrigierenden Empfängers*, wie dies bei den geschützten Codes besprochen wurde *(D3)*, und zwar nicht für Signale, die in ihrer Stärke, sondern für Meldungen, die in ihrer *Zusammensetzung aus verschiedenartigen Zeichen* variieren. Weitere Kennzeichen der Lernmatrix werden durch die Besprechung des Beispiels zutage treten.

Eine wichtige Lernleistung des Menschen besteht darin, die Vorstellung bestimmter Gegenstände mit den Wörtern seiner Muttersprache oder einer fremden Sprache zu verknüpfen, also etwa das anschauliche Vorstellungsbild des Mondes mit der Buchstabenfolge M-O-N-D. Gleiche Buchstaben, aber in verschiedener Anordnung, können dabei mit ganz verschiedenen Inhalten verbunden sein, wie z. B. in R-O-T, O-R-T und T-O-R oder in B-L-A-U und L-A-U-B. Wir wählen jetzt aus der unübersehbaren Fülle bildlicher Vorstellungen solche aus, die mit Wörtern aus 5 Buchstaben verknüpft sind, welche überdies alle aus E, I, N und S zusammengesetzt sind: EISEN, ESSEN, (ich) NIESE, NISSE, SENNE, SENSE, SINNE und SISSI (Mädchenname). Die Aufgabe besteht darin, das Schema eines Systems zu entwerfen, das die genannten Vorstellungen mit den zugehörigen Wörtern zu verknüpfen vermag. Das System soll so angelegt sein, daß es, nachdem die Verbindungen geknüpft und damit die Information gespeichert ist, die Wörter aus den Bedeutungen und die Bedeutungen aus den Wörtern wieder herzuleiten gestattet, – und letzteres auch dann, wenn die eingegebenen Wörter durch Fehler etwas verändert worden sind („korrigierender Empfänger“).

Abb. *119,1* zeigt die Lernmatrix, die zur Bewältigung der gestellten Aufgabe geeignet ist. Es handelt sich um ein Netz von Leitungen, in welchem zunächst keinerlei Kreuzverbindungen zwischen senkrecht und waagerecht verlaufenden Bahnen vorliegen. Jede Überkreuzungsstelle ist aber so beschaffen, daß dort eine signalleitende Verbindung entstehen muß, wenn beide Leitungen einmal gleichzeitig aktiviert (signalleitend) sind. Hier ist also der Grundgedanke des bedingten Reflexes angewandt, wie er in Abb. *115,1* veranschaulicht war: Durch gleichzeitige Aktivierung zweier signalleitender Bahnen entsteht zwischen ihnen eine *bedingte Verknüpfung*. – Die senkrechten Bahnen verbinden Buchstabenplätze (1. . . . 5) mit Buchstaben (E, I, N, S). Die waagerechten sind freigehalten für die Verbindung mit je einer (bildlichen) Vorstellung.

Abb. *120,1* zeigt dieselbe Lernmatrix nach Abschluß der „*Lernphase*“. Jeder waagerechten Bahn wurde eine Vorstellung zugeordnet, welche in einem Bild symbolisiert ist. Das „Lernen" geht nun folgendermaßen vor sich: Es wird einerseits eine waagerechte Bahn aktiviert (ein Signal

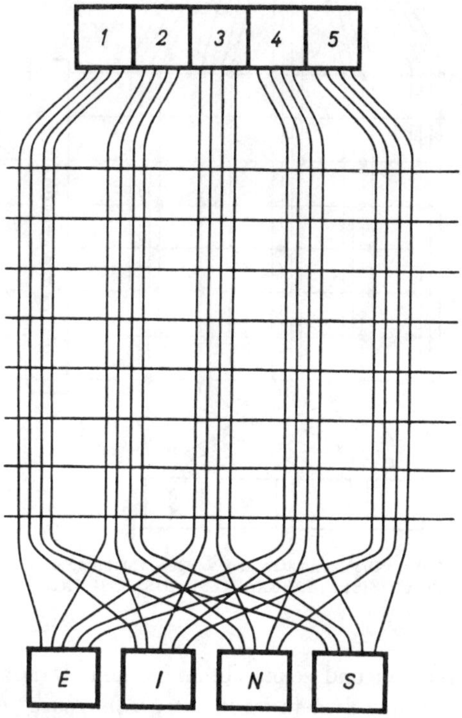

119,1. Schema einer Lernmatrix, in welcher die Zuordnung von 8 Wortbedeutungen (waagerechte Leitungen) zu 8 verschiedenen, 5 Buchstaben langen Folgen aus E, I, N und S gespeichert werden kann.

durchläuft sie); man legt dabei fest, welche Vorstellung ihr zugeordnet sein soll. Gleichzeitig werden die senkrechten Bahnen für die Buchstabenfolge aktiviert, die mit der betreffenden bildlichen Vorstellung zu verknüpfen ist; während der Aktivierung der ersten waagerechten Zeilen sind dies die Bahnen zwischen „1. Buchstabe" und „E" zwischen „2. Buchstabe" und „I" zwischen „3. Buchstabe" und „S" zwischen „4. Buchstabe" und „E" und zwischen „5. Buchstabe" und „N". Hierdurch bilden sich insgesamt 5 leitende Kreuzungspunkte zwischen der ersten waagerechten und fünf senkrechten Bahnen. Die hergestellten Verbindungen sind durch schwarze Kreisscheibchen markiert. – Nun werden nacheinander auch die weiteren waagerechten Bahnen, die anderen bildlichen Vorstellungen zugeordnet sein sollen, gleichzeitig mit denjenigen senkrechten Bahnen aktiviert, welche die an diese Vorstellungen zu assoziierenden Buchstabenfolgen repräsentieren; auf diese Weise entstehen alle in Abb. *120,1* eingezeichneten leitenden Verbindungen zwischen waage-

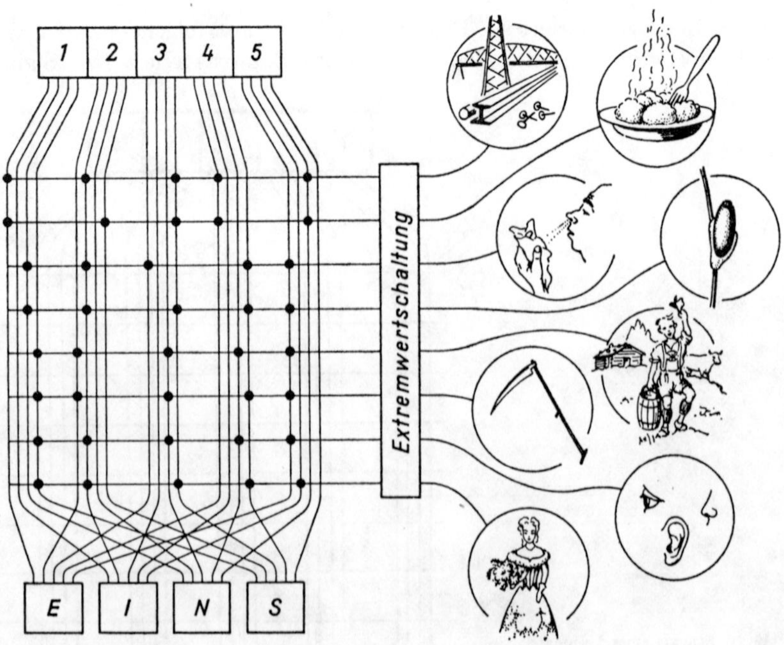

120,1. Die Lernmatrix der vorigen Abbildung in der *Kannphase*. Folgende Wörter sind „gespeichert": EISEN, ESSEN, NIESE, NISSE, SENNE, SENSE, SINNE, SISSI.

rechten und senkrechten Bahnen. Damit ist die „Lernphase" beendet, und das System ist in die „*Kannphase*" eingetreten.

In der „*Kannphase*" sollen einerseits durch Aktivierung der waagerechten Bahnen die zugeordneten Buchstabenfolgen wiedergewonnen werden können – diese Möglichkeit versteht sich von selbst, wenn die Verknüpfungen an den richtigen Stellen gebildet wurden –, andererseits aber soll vor allem das Umgekehrte möglich sein: Aus der Buchstabenfolge soll die dazugehörige waagerechte Bahn zu bestimmen sein. Hier muß eine bisher nicht erwähnte Instanz der Abb. *120,1* in Tätigkeit treten, nämlich (auf der rechten Seite) die „*Extremwertschaltung*". Diese hat die Aufgabe, bei gleichzeitiger Aktivierung mehrerer oder aller waagerechten Bahnen nur auf derjenigen Bahn ein Signal hindurchzulassen und nach rechts weiterzugeben, die von allen am stärksten aktiviert ist. (So etwas läßt sich beispielsweise durch eine Art lateraler Inhibition verwirklichen.)

Nun kann die Prüfung beginnen: Es werde die Buchstabenfolge SISSI in die Lernmatrix eingegeben, d. h. es werden die 5 betreffenden senkrechten Bahnen aktiviert. An jeder durch einen schwarzen Punkt gekennzeichneten Stelle geht das Signal auf die waagerechte Bahn über.

Das Ergebnis: Bei der Buchstabenfolge SISSI werden die verschiedenen waagerechten Bahnen von oben nach unten mit folgenden „Intensitäten“ (nach der Anzahl der geschlossenen Verbindungen) aktiviert: 2, 1, 2, 3, 1, 2, 2, 5. Am stärksten ist also diejenige Bahn aktiviert, die in der Lernphase mit der Buchstabenfolge SISSI verknüpft worden war. Die Extremwertschaltung wird also diese Bahn auslesen und allein über sie ein Signal nach rechts weitersenden. Damit ist also durch die „richtige“ Buchstabenfolge die „zutreffende Assoziation“ aktiviert worden, und dies, obwohl die Buchstaben S und I, aus denen das Wort besteht, auch in allen anderen Wörtern, z. T. sogar auf den gleichen Plätzen, vorkamen.

3 d. Selbstkorrigierende Fähigkeit der Lernmatrix. Wir rufen uns zunächst einige Aussagen aus Abschnitt *D 3* ins Gedächtnis zurück: Übertragungsfehler lassen sich prinzipiell nur dort nachträglich korrigieren, wo geschützte Codes vorliegen, d. h. wo die Zahl der Änderungsschritte zwischen je zwei zugelassenen Zeichenfolgen mehr als doppelt so groß ist wie der mögliche Fehler. Von der Lernmatrix ist also prinzipiell nicht zu erwarten, daß sie einen Fehler korrigieren kann, durch welchen aus einem zugelassenen Wort ein anderes zugelassenes Wort entstanden ist; ebensowenig kann sie das richtige Signal wiedergewinnen, wenn die fehlerhafte Buchstabenfolge durch die gleiche Anzahl von Änderungsschritten sowohl zu dem ursprünglichen Wort als auch zu einem anderen umgewandelt werden kann. Abgesehen von diesen beiden prinzipiellen Beschränkungen soll aber die Lernmatrix Fehler korrigieren können, also ein „*korrigierender Empfänger*“ sein.

Wir testen nun folgende Buchstabenfolgen (beide sind durch 2 Fehler aus zwei verschiedenen Wörtern unserer Lernmatrix entstanden, verraten aber ihre Herkunft nicht auf den ersten Blick): NNSIE und IENSN. Die Lernmatrix liefert für die erste Folge die Zahlen (von oben nach unten): 1, 1, 2, 3, 1, 1, 1, 1; und für die zweite: 1, 1, 1, 1, 2, 3, 1, 1. Die Lernmatrix „versteht“ also die erste Buchstabenfolge mit Hilfe der Extremwertschaltung als NISSE, die zweite als SENSE. In der Tat waren die Buchstabenfolgen aus diesen beiden durch je zwei Änderungen hervorgebracht worden. – *Keine* Lösung gibt dagegen die Lernmatrix für die Buchstabenfolge ENSEN. Die Kennzahlen sind hier: 4, 4, 0, 1, 0, 0, 0, 1. Hier ist aber nicht die Lernmatrix unvollkommen, sondern die Aufgabe hat prinzipiell keine Lösung. Die Buchstabenfolge kann in einem Schritt sowohl aus EISEN wie ESSEN hervorgegangen sein; wenn bei einem dieser beiden Worte der zweite Buchstabe verändert wurde, ist die Information darüber, wie er hieß, unwiederbringlich verloren: Der Code der deutschen Sprache ist an dieser Stelle nicht „geschützt“. – Hiermit ist die Lernmatrix in der Kannphase (in diesem Zustand auch „*Bedeutungs-*

matrix" genannt) als definitionsgerechter „korrigierender Empfänger" für geschützte Codes gekennzeichnet.

3e. Wir stellen folgendes Gedankenexperiment mit der Lernmatrix *[120,1]* an: Nachdem sie sich in der Kannphase befindet, entfernen wir einen Teil ihrer Struktur oder machen ihn funktionslos. Welche Folge wird das haben? Werden bestimmte „Engramme" (gespeicherte Inhalte) verlorengehen, während andere erhalten bleiben, wie dies bei Speichern von Rechenautomaten der Fall sein würde? Die Antwort läßt sich leicht erarbeiten: Ganze Engramme gehen nur dann verloren, wenn waagerechte Bahnen funktionslos werden; wenn senkrechte Bahnen inaktiviert werden, gehen keine ganzen Engramme verloren, doch läßt die Fähigkeit zur Unterscheidung (die Selektivität) nach. Werden beispielsweise alle Bahnen ausgeschaltet, die von dem Buchstabenplatz 4 nach unten ziehen, so werden noch alle Buchstabenfolgen unterschieden außer SENNE und SENSE. Macht man das gleiche mit den Plätzen 1 oder 5, so bleibt die volle Selektivität erhalten, doch nimmt – wie auch im ersten Fall – die Fähigkeit ab, Fehler zu korrigieren.

3f. Eine letzte Frage: Was geschieht unter den Bedingungen, daß eine waagerechte Bahn, die einer bestimmten Vorstellung zugeordnet ist, *ausfällt* und daß gerade *die ihr zugehörige Buchstabenfolge aktiviert* wird? Die Antwort lautet: Es wird diejenige waagerechte Bahn am stärksten aktiviert werden und allein ihr Signal durch die Extremwertschaltung nach rechts hindurchsenden, welche die der ausgefallenen *ähnlichste* Buchstabenfolge besitzt. Nach Ausfall der obersten waagerechten Bahn wird z. B. die Buchstabenfolge EISEN die zweite Bahn am stärksten aktivieren, die ja das Wort ESSEN repräsentiert. An dieses Verhalten der Lernmatrix erinnert eine Eigenschaft des menschlichen Gedächtnisses, allerdings sozusagen mit umgekehrtem Vorzeichen: Hat man einen Namen oder Fachausdruck vergessen und sucht ihn in seinem Gedächtnis, so blitzen häufig plötzlich Worte im Bewußtsein auf, die aus ähnlichen Buchstaben zusammengesetzt sind, so als wenn in einer Lernmatrix eine Leitung zerstört und die nach ihr ähnlichste aktiviert worden wäre.

Diese und ähnliche Beobachtungen regen die Frage an, ob das Wortgedächtnis des Menschen nach dem Prinzip der Lernmatrix organisiert ist oder nicht. Diese Frage läßt sich heute noch nicht beantworten. Die Lernmatrix ist zwar ein Modell für bestimmte Eigenschaften des Gedächtnisses, teilweise sogar ein erstaunlich weitgehendes. Doch kann man, wie mehrfach betont, von Übereinstimmungen in Funktionen niemals mit Sicherheit auf Übereinstimmungen im *Zustandekommen* der Funktionen und auf die Gleichartigkeit der zugrundeliegenden Strukturen schließen. Hierzu ist entweder die unmittelbare Registrierung der Systemvorgänge notwendig oder der Beweis, daß die angegebene Struktur die einzig denkbare ist. Für die Lernmatrix sind diese Fragen noch offen.

F. Allgemeines zum Thema Kybernetik

Der Begriff der Kybernetik wurde durch den Mathematiker Norbert Wiener 1948 in die Naturwissenschaften eingeführt. Das Wort ist hergeleitet von dem griechischen Ausdruck *κυβερνήτης* für den Steuermann eines Schiffes, den Schiffsherrn oder – übertragen – den Lenker eines Staates. Kybernetik ist also dem Wort nach Steuerkunde oder die *Wissenschaft vom Steuern.*

F 1. Kybernetik in der Biologie: Möglichkeiten und Grenzen

Im Mittelpunkt der Kybernetik stehen Begriffe wie Regelkreis, Informationsmenge in *bit*, Redundanz, Code usw. Diese muß man logisch und an Hand anschaulicher Beispiele beherrschen, wenn man sich ein Bild von den Grenzen und Möglichkeiten der Kybernetik in der Biologie machen will.

Wissenschaftliche Aussagen der Kybernetik, die mit Begriffen wie den eben genannten arbeiten, haben gewöhnlich folgende Form: „Unter diesen oder jenen Voraussetzungen verhält sich ein System bestimmter Art folgendermaßen . . .“ Ein Beispiel dafür: „Bei zunehmender innerer Verstärkung wird ein Regelkreis, anstatt die Regelgröße konstant zu halten, instabil und erzeugt Schwingungen zunehmender Schwingungsweite *(C 7)*.“ In der *biologischen* Kybernetik geht es nun nicht um die Herleitung solcher allgemeingültiger Sätze – dies ist Sache der mathematischen oder technischen Kybernetik – sondern um ihre Anwendung auf biologische Vorgänge. Diese aber ist nur dort sinnvoll, wo es Systeme, die sich durch Begriffe und Gesetze der Kybernetik erfassen lassen, im Bereich der Lebewesen auch wirklich gibt. Wo die wissenschaftlichen Möglichkeiten der biologischen Kybernetik liegen, ist demnach nicht von der Willkür und den Plänen der Wissenschaftler abhängig, sondern liegt im Gegenstand der Forschung begründet. Alle Versuche, kybernetisch beschreibbare Zusammenhänge dort aufzudecken, wo sie nicht vorliegen, führen zu unfruchtbaren Spekulationen und sind über kurz oder lang zum Scheitern verurteilt. Die biologische Kybernetik ist also an ihren Forschungsgegenstand gebunden und durch ihn begrenzt.

Wie aber kann man im einzelnen diese Grenze finden und abstecken? Jeder biologische Vorgang, so z. B. der Gesang der Nachtigall, wirft für die Biologie eine Fülle von Fragen auf, die alle mit den Mitteln *verschiedener* Wissenschaftsrichtungen zu untersuchen und zu beantworten sind: Physikalische Methoden werden in diesem Beispiel anzuwenden sein, um die Entstehung der verschiedenartigen Töne verständlich zu machen; anatomische Untersuchungen müssen uns den Aufbau des Stimmorgans lehren; die Verhaltensforschung muß mit ihren Methoden klären, welche Rolle der Gesang im Leben der Nachtigallen spielt. Wo liegt hier ein Problem für die biologische Kybernetik? Es ist keineswegs ausgemacht, daß jeder Forschungsgegenstand ein Problem bietet, das zu seiner Lösung kybernetischer Untersuchungsmethoden bedarf; hier jedoch *könnte* folgende Spezialfrage in ihr Gebiet fallen: Auf welche Weise bestimmt das Gehirn des singenden Vogels die Reihenfolge, in der die verschiedenen Strophen aufeinanderfolgen? Ist die Reihenfolge völlig unregelmäßig, oder lassen sich *Zwischensymboleinflüsse* erkennen? Wenn das Wort „Zwischensymboleinfluß" hier sachgerecht anwendbar ist, so deutet dies darauf hin, daß hier wirklich ein kybernetisches Problem stecken könnte. An dieser Stelle könnte also die Kybernetik vielleicht zum Verständnis eines biologischen Vorgangs beitragen, wenn es sich auch – wie in vielen Fällen – nur um einen unter vielen Aspekten des Vorgangs handelt.

Manchmal wird die Meinung laut, in der biologischen Kybernetik handle es sich im wesentlichen um eine mathematische Beschreibung biologischer Fakten, und darin liege das Besondere dieser Wissenschaftsrichtung. Das ist jedoch nicht richtig: Grundsätzlich jeder beliebige biologische Vorgang ist einer mathematischen Beschreibung zugänglich, und sei es in Begriffen der Statistik. Die Profillinie eines jeden menschlichen Gesichts läßt sich in mathematische Formeln fassen; ein solches Unternehmen in größerem Maßstab wäre allerdings eine recht fragwürdige Anwendung der Mathematik auf biologische Fakten und erst recht keine biologische Kybernetik. Jeder einzelne biophysikalische und biochemische Vorgang (Beispiele: Muskelkontraktion, Synthese von Salzsäure im Magen) ist mathematisch beschreibbar und wird auch vielfach – zur Erfassung der Gesetzmäßigkeiten und damit zu seinem wissenschaftlichen Verständnis – mathematisch formuliert. Eine solche mathematische Formulierung hat aber nur dann einen biologisch-*kybernetischen* Sinn, wenn der betreffende Vorgang infolge seiner speziellen mathematischen Form eine bestimmte Rolle in einem Prozeß der Regelung, Steuerung, Informationsübertragung oder Datenverarbeitung spielt. Sonst handelt es sich allein um Biophysik oder um Biochemie.

Wir kommen damit aber auf die vorangegangene Formulierung zurück: Kybernetische Probleme liegen in der Biologie nur dort vor, wo die Begriffe dieser Forschungsrichtung sinnvoll auf biologische Vorgänge anzuwenden sind. Hierin liegt denn auch die beste Abwehr gegen Scheinprobleme: Wenn jemand behauptet, ein kybernetisches Problem gefunden zu haben, so muß es möglich sein, dieses – zumindest hypothetisch – in Fachausdrücken dieser

Wissenschaft oder einem Blockschaltbild darzustellen. Gelingt das nicht, so handelt es sich gewöhnlich um Spekulationen ohne wissenschaftlichen Wert.

Man kann sich jedoch – mit aller Vorsicht – Gedanken darüber machen, welche heute noch ungelösten Probleme der Biologie vielleicht einmal durch Methoden der biologisch-kybernetischen Forschung geklärt werden können. Hier kommen u. a. folgende drei Lebensvorgänge in Frage:

1. Die Fähigkeit des *Formensehens*. Man betrachte z. B. die bekannten geometrisch-optischen Täuschungen und frage sich: Weisen diese auffälligen Phänomene auf *Mängel* unseres Form-Auswertungssystems hin? Oder kommen in den Täuschungen – ähnlich wie in *E 1* beschrieben – gerade *Sonderleistungen* der Formwahrnehmung zum Ausdruck, welchen diese ihre Präzision und Leistungsfähigkeit verdankt?

2. Das *Gedächtnis* und sein Abruf-Mechanismus. Hier wäre beispielsweise zu klären, womit es zusammenhängt, daß ein Gedächtnisinhalt um so schneller und besser haftet („eingespeichert wird"), je *mehr* Assoziationen er bildet (man würde ja eher vermuten, dies könne die Lernarbeit nur erschweren). Hängt damit zusammen, daß die „Ganzwortmethode" im Schulunterricht nicht nur möglich ist, sondern sogar bestimmte Vorteile gegenüber der synthetischen Methode besitzt? Ferner verstehen wir beispielsweise noch nicht, warum das Neulernen z. B. von Namen manche ähnliche Namen aus dem Gedächtnis verdrängen kann, andere dagegen nicht zu berühren scheint usf.

3. Die *„innere Uhr"* der Organismen. Diese Instanz läßt die Tiere und den Menschen auch unter Ausschaltung sämtlicher Zeitgeber (Sonnenauf- und -untergang, periodische Geräusche u. ä.) einen rund 24stündigen Rhythmus vieler Lebenserscheinungen einhalten (Schlafen und Wachen, Schwankungen der Körpertemperatur u. ä.).

An der Aufklärung aller drei Probleme wird zur Zeit an vielen Stellen der Welt intensiv gearbeitet.

Jetzt sei noch die Frage aufgeworfen, welchen Einfluß die Entwicklung der Kybernetik auf Grundanschauungen der Biologie ausgeübt hat oder ausüben könnte. Hierzu läßt sich in wenigen Stichworten folgendes sagen: Mit der Kybernetik haben Begriffe, Denkweisen und Methoden in der Biologie Eingang gefunden, die zum großen Teil in der Technik und Mathematik entwickelt wurden, so z. B. die Hauptbegriffe des Regelkreises und der Information. Man hat manchmal gemeint, dadurch würde ein der Biologie wesensfremdes Element in sie hineingetragen. In Wirklichkeit ist es aber eine Bereicherung für die Biologie, wenn die Forschung auch in diejenigen Bereiche eindringt, in denen nun einmal Gesetzmäßigkeiten herrschen, die den aus der Technik bekannten entsprechen. Es ist – vom Standpunkt der Biologie her betrachtet – gewiß ein historischer Zufall, daß manche Gesetzmäßigkeiten früher von Technikern entwickelt als von Biologen entdeckt wurden; die entsprechenden wissenschaftlichen Begriffe entstanden daher auch zunächst in der Technik. Man könnte in der Biologie natürlich versuchen, nachträglich eine von der Technik unabhängige Sonderterminologie auszubilden; aber diese würde sich niemals durchsetzen, weil die Wissenschaften stets dazu neigen, gleiches mit demselben Begriff zu erfassen; und ein biologischer Regelkreis unterscheidet sich nach allen bisherigen Kenntnissen in seinem Wesen nicht von den in der Technik bekannten. – Wo ein in der Technik verwendbarer Begriff einmal zuerst von Biologen gebildet wurde, übernimmt ihn ja bisweilen auch die Technik in ihre Fachsprache. So wird bei Lernmatrizen (*E 3)*, also im Bereich der Nachrichtentechnik, von „bedingten Verknüpfungen" gesprochen und damit die Wortbildung eines Biologen (PAWLOW) verwendet.

Die Kybernetik bringt nun, wenn man sie recht versteht, nicht nur nichts Wesensfremdes in die Biologie hinein, sondern sie fördert sogar die Rehabilitierung zweier zutiefst biologischer Begriffe: Den der *Ganzheit* und den der *Spontaneität.* Beide waren ins ideologische Kampffeld des *Mechanismus-Vitalismus-Streites* geraten. Die Vitalisten führten ganzheitsbezogenes Verhalten als mechanistisch nicht erklärbar ins Feld und forderten zu seiner Deutung einen nicht physikalisch-chemischen „ganzmachenden Faktor"; die Mechanisten ihrerseits verdächtigten diejenigen, die ganzheitsbezogene Lebensvorgänge anerkannten und beschrieben, der vitalistischen Spekulation. Ähnliches widerfuhr dem Begriff der Spontaneität des ZNS; wer damit rechnete, daß das ZNS Signale bildet, welche nicht von Außenreizen ausgelöst werden, verfiel damit der Ablehnung aus dem einzigen Grunde, weil dies einer mechanistischen Anschauung der Lebensprozesse zu widersprechen schien. So kam es, daß diese Begriffe jahrzehntelang nicht zum Gegenstand vorurteilsloser Forschung und Lehre gemacht wurden. Mit der Kenntnis der selbsttätigen Regelung, die inzwischen zum Allgemeingut aller Biologen wurde, hat jedoch die Verdächtigung des Begriffes der Ganzheit aufgehört; denn auch Regelsysteme halten einerseits, als seien sie „zielstrebig", ihren Zustand gegen Abweichungen beliebiger Richtung aufrecht und verhalten sich dadurch „ganzheitlich"; andererseits sind sie aber kausal völlig durchsichtig und determiniert. Ebenso hat man inzwischen eingesehen (und ist zudem durch zahlreiche experimentelle Befunde davon überzeugt worden), daß Nervenzellen, ohne Meldungen von außen zu empfangen, Aktionspotentiale abgeben können; dies verstößt weder gegen das Energieprinzip noch gegen das Kausalprinzip (sie verbrauchen dabei Stoffwechselenergie!). – Der für die Biologie entscheidend wichtige Vorstellungsbereich des Ganzheitscharakters der Organismen und der Spontaneität des ZNS ist also durch das funktionelle Denken von hemmenden Fesseln befreit worden. Die Kybernetik fördert dabei das *biologische* Denken.

Biologischen Phänomenen ist man erst dann vollständig wissenschaftlich gerecht geworden, wenn man sie nach *Form und Funktion* erfaßt hat. Daraus geht einerseits hervor, daß kybernetische Analysen stets nur die eine Seite der biologischen Wirklichkeit erfassen, nämlich die funktionelle (und auch von dieser nur einen, den kybernetischen Aspekt); die anatomische Untersuchung muß hinzukommen, will man eine Untersuchung als abgeschlossen ansehen können. Andererseits ist in einer bestimmten Fachrichtung, der Histologie des Nervensystems, die Erforschung der *Form* weit vorangetrieben, ohne daß die Erforschung der *Funktion* folgen konnte: Manche Hirnteile z. B. haben eine überaus auffällige Architektonik (z. B. das Kleinhirn), andere zeigen keine solche, ohne daß wir dies bislang funktionell verstehen können. Hier wird kaum eine andere Methode als die biologische Kybernetik dazu fähig sein, die funktionelle Bedeutung der Strukturen aufzuklären.

F 2. Kybernetik auf anderen Gebieten; ihre Nachbardisziplinen

2a. Technische Kybernetik. Man kann die Themen der biologischen Kybernetik unter drei Gesichtspunkte ordnen: Regelprozesse *(C)*, Informationsübertragung *(D)* und Informationsverarbeitung *(E)*. Ihnen entsprechen hochentwickelte Fachgebiete der Technik: Täglich begegnen wir Erzeugnissen der *Regeltechnik*, seien es die selbsttätigen Steuermechanismen einer Ölheizung, die Temperaturregelung im Kühlschrank oder Servomechanismen bei der Steuerung von Fahrzeugen (Schiffen, schweren Kraftwagen). Etwas weniger fallen dem Laien die eigentlich informationstheoretischen Seiten der *Nachrichtentechnik* ins Auge, weil hier heute die technologischen Aspekte (z. B. Übertragung von Nachrichten über Satelliten) dominieren; doch gehören Errungenschaften wie die unter *D 4* erwähnte Puls-Code-Modulation zu den bleibenden Grundlagen dieses Fachgebietes.

Die Großgeräte der *Informationsverarbeitung* schließlich sind der *Rechenautomat* und die *Übersetzungsmaschine. Rechenautomaten* werden in ständig steigendem Ausmaß in der Wirtschaft, der Technik und der Wissenschaft eingesetzt, um langwierige Rechnungen durchzuführen. Auch in der biologischen Kybernetik sind bereits vielfach Rechenautomaten herangezogen worden, so z. B. beim Studium der lateralen Inhibition *(E 1)*: Es geschah zur Untersuchung komplizierterer Verknüpfungen, z. B. wenn nicht nur benachbarte, sondern auch fernerliegende Sehelemente miteinander verknüpft sind; wenn es sich nicht nur um ein-, sondern um zweidimensionale Verknüpfungen zwischen Sehelementen (in der Fläche des Auges) handelt; und für den mathematisch verwickelteren, aber im Auge von Tieren verwirklichten Fall, daß die Inhibition von seiten der Nachbarelemente *vor* und nicht hinter der Abzweigung der eigenen inhibierenden Bahnen ansetzt *[128,1]*.

Übersetzungsmaschinen können selbstvertändlich zumindest heute noch mit keinem stilistisch geschulten Übersetzer konkurrieren. Immerhin können sie wissenschaftliche Texte so übersetzen, daß diese sachlich zu verstehen sind. Praktisch werden sie so gut wie ausschließlich zur Übersetzung russischer technischer und wissenschaftlicher Texte ins Englische eingesetzt.

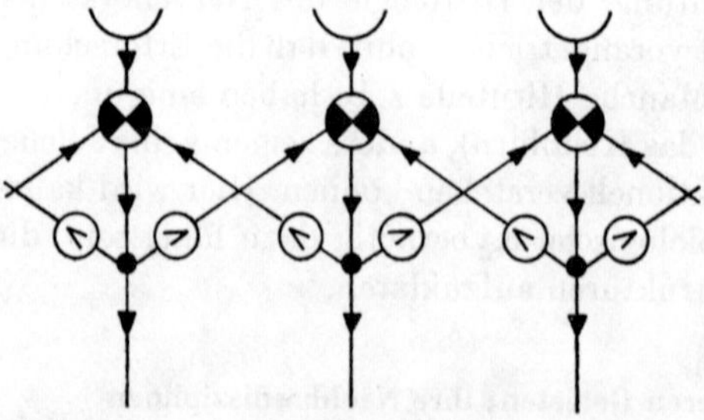

128,1. Schema der Rückwärts-Inhibition, einer Form der lateralen Inhibition (siehe Abb. 99,1).

2b. Kybernetik in der Medizin. Überall, wo sich biologische Forschung an Mikroorganismen, Pflanzen und Tieren mit Lebenserscheinungen beschäftigt, die in ähnlicher Form auch beim Menschen vorkommen, besteht die Möglichkeit, daß ihre Ergebnisse auch der Medizin fruchtbar gemacht werden können. Dies gilt auch für die biologische Kybernetik. Besonders wichtig für den Arzt ist folgender, der biologischen Regelungslehre entstammende Gesichtspunkt:

Der Arzt steht häufig vor der Aufgabe, bestimmte Zustände, in denen sich der Körper gerade befindet (z. B. Fieber, zu hoher Blutdruck), abzuändern. An diese Aufgabe muß er in ganz verschiedener Weise herangehen, je nachdem, ob das Symptom von einem Regelmechanismus abhängig ist oder nicht. Durch Aderlaß kann man z. B. den *Blutdruck* höchstens lokal und ganz vorübergehend verringern, und zwar weil dieser durch eine Regelung konstant gehalten wird. Ist er zu hoch und beschwört dadurch u. a. die Gefahr des Schlaganfalls herauf, so muß dies an einer fehlerhaften *Regelung* liegen. Man hat daher Erfolg mit Medikamenten, welche auf das ZNS wirken und den Regelmechanismus (z. B. die Führungsgröße) beeinflussen.

Ein ähnliches Problem kann das *Schielen* aufwerfen: Wenn man die Augenmuskeln des schielenden Auges chirurgisch verkürzt und dadurch das Auge richtig stellt, so kommt es vor, daß der Organismus paradoxerweise im Laufe der Zeit das Erreichte rückgängig macht und den ursprünglichen krankhaften Zustand wieder herstellt. Man sieht daran, daß in diesem Fall die Führungsgröße eines Regelkreises krankhaft verändert war, nämlich desjenigen, der die Augenachsen je nach der Entfernung des Gesehenen parallel oder konvergent einstellt. Durch die Operation war hier wohl ein Symptom, nicht aber die Wurzel des Übels beeinflußt worden; oder in der Sprache der Regelkunde: Der fehlerhafte Sollwert blieb erhalten, nur eine Störgröße wurde neu eingeführt, und diese wurde vom Regelsystem wieder auskorrigiert. Auch hier ist es also wesentlich, am *Sollwert* des Systems anzugreifen, was hier jedoch nicht mit Medikamenten, sondern durch Übungsbehandlung geschieht. Durch diese werden bedingte Reaktionen geschaffen, welche den Sollwert des Systems verändern.

Eine besondere Chance hat die kybernetische Forschung natürlich bei denjenigen Erkrankungen, deren Wesen eine Störung biologisch-kybernetischer Systeme ist. Hierzu gehört das *Stottern*. Es beruht auf einer Fehlschaltung innerhalb des Nervensystems. Die rhythmische Wiederholung von Lauten und Silben erinnert an die Fehlleistung von Regelkreisen, die bei Verlängerung der Totzeit in selbsttätiges Schwingen geraten. Hierzu paßt folgende Erscheinung: Man kann jeden gesunden Menschen künstlich zu einem gänzlich unvermeidbaren Stottern zwingen, wenn man ihm mittels einer Tonbandapparatur sein eigenes Sprechen mit einer *Verzögerung* von Bruchteilen einer Sekunde wieder zu hören gibt; hierdurch scheint ein Regelkreis mit einer zu langen Totzeit geschlossen zu werden, so daß dieser instabil wird.

Eine noch viel schlimmere „Schaltkatastrophe" scheint bei der *Schizophrenie* vorzuliegen; eines ihrer Symptome kann darin bestehen, daß der Patient eine Art Echo seiner eigenen Gedanken zu vernehmen meint – sicherlich ein Ausdruck davon, daß funktionelle Verbindungen anders funktionieren als im Normalfall.

Bei allen genannten und vielen anderen funktionellen Störungen des Nervensystems ist zu hoffen, daß die Einsicht in den Mechanismus der Störung die Handhabe zur Beherrschung der Krankheit liefern wird; diese Einsicht wäre, falls es sich um die Störung kybernetischer Funktionssysteme handelt, von biologisch-kybernetischer Forschung zu erwarten.

2c. Nachbardisziplinen: Unternehmensforschung, Elektronik, Schaltalgebra. Man spricht viel davon, auch in der Soziologie und der Wirtschaft spielten sich Regelprozesse ab; z.B. sei das Spiel zwischen Angebot und Nachfrage im Grunde ein kybernetisch beschreibbarer Prozeß. Daran mag vieles richtig sein; doch hat sich eine verwandte Wissenschaftsrichtung mit viel kräftigerem Impuls, als ihn die Kybernetik entfaltet, dieser Probleme längst angenommen: Die *Unternehmensforschung* (operations research). Sie entstand unabhängig von der Kybernetik, wenn auch etwa zur gleichen Zeit wie diese – vorwiegend während des letzten Krieges. Ihren Ursprung nahm sie von militärischen Problemen, so etwa der mathematischen Erfassung der Chancen und des wahrscheinlichen Verlaufs militärischer Unternehmungen bei verschiedenen Reaktionsweisen des Gegners; hierher stammt der Ausdruck „strategische Spiele". Nach dem Krieg wandte man die entwickelten mathematischen Methoden auf wirtschaftliche Probleme an. Eine typische Fragestellung dieser Forschungsrichtung ist folgende: Welche ist die günstigste Abmessung für eine Fabrik bestimmter Produkte, z.B. von Kraftwagen? Manche Tendenzen drängen auf eine Vergrößerung, z.B. das Streben nach höherer Rentabilität für große maschinelle Einrichtungen; anderes wieder begünstigt kleinere Fertigungseinheiten – so die Verkürzung der Verbindungswege für Teilprodukte, die an verschiedenen Fertigungsstellen innerhalb der Fabrik hergestellt und dann zusammengeführt werden müssen. Aufgabe der Unternehmensforschung ist es in diesem Fall, den günstigsten Kompromiß zwischen den widersprechenden Forderungen zu errechnen.

Wie unabhängig Kybernetik und Unternehmensforschung trotz ihrer Verwandtschaft nebeneinander herleben, wird dadurch deutlich, daß einige Ausdrücke in ganz verschiedenem Sinn gebraucht werden, z. B. das Wort „Programmierung". In der Nachrichtenverarbeitung heißt es ganz speziell: Eine Aufgabe in das Rechenprogramm für einen digitalen Rechenautomaten zu übersetzen; in der Unternehmensforschung heißt es, eine Aufgabe der oben geschilderten Art zu lösen und daraus eine Planung etwa für den Bau einer Fabrik oder die Organisation einer Fertigung zu entwickeln.

Auch die *Elektronik* hat sich zunächst unabhängig von der Kybernetik entwickelt, obwohl man es dort mit ganz ähnlichen Gesetzmäßigkeiten zu tun hat wie bei kybernetischen Systemen. Was man z.B. in der Regelkunde negative Rückwirkung nennt, wird in der Elektronik meist als „Gegenkoppelung" bezeichnet. Heute arbeiten Elektronik und Kybernetik jedoch eng zusammen.

Wieder ein anderes verwandtes Gebiet ist die *Schaltalgebra*. Sie ist im wesentlichen die Theorie der Schaltungen innerhalb von digitalen Rechenautomaten, beruht aber auf einer abstrakten Grundlage, der symbolischen Logik. Diese ist eine gleichermaßen von der Philosophie – der Logik – und von der Mathematik her stammende abstrakte Disziplin, innerhalb welcher logische Zusammenhänge in eine Formelsprache übersetzt und in dieser Form analysiert werden.

F 3. Begriff und Aufgabe der Kybernetik

Ein anschauliches Bild vom Wesen einer Wissenschaft zu einer bestimmten Zeit erhält man dadurch, daß man sich anhand der Veröffentlichungen einen Eindruck von den Brennpunkten des Interesses innerhalb dieses Gebietes zu verschaffen sucht. Im Bereich der Kybernetik hat man es in dieser Hinsicht leicht, weil die seit 1961 erscheinende Zeitschrift „Kybernetik“ einen repräsentativen Querschnitt bietet. Danach wurde in den letzten Jahren u.a. an folgenden Fragen besonders intensiv gearbeitet: Regelung der Pupillenweite *(C1)*, Informationskapazität der Nervenleitung, Konstruktion von Neuronenmodellen (Neuron = Nerven-Zellkörper samt Fortsätzen), innere Uhr, Orientierung der Tiere nach Licht und Schwerkraft, laterale Inhibition *(E1)*, Wahrnehmung von visueller Bewegung, Lernmatrix *(E3)*.

Kann man aus der Aufzählung dieser Forschungsgegenstände zu einer allgemeineren, d.h. abstrakten Kennzeichnung der Kybernetik vordringen? NORBERT WIENER hat eine solche Begriffsbestimmung gegeben; der Untertitel zu seinem Buch „*Cybernetics*“ (englische Form von „Kybernetik“) lautet: *Control and Communication in the Animal and the Machine.* Die wörtliche Übersetzung dafür wäre: Steuerung und Kommunikation im Organismus und in der Maschine. (Dabei schließt allerdings das englische Wort *control* die Regelung mit ein, während das deutsche Wort *Steuerung* als *Alternative* zur Regelung verstanden wird. Leider gibt es im Deutschen keinen gemeinsamen Ausdruck für Steuerung und Regelung, der dem englischen *control* entspricht. — Der Ausdruck *communication* umfaßt alles, was Signale betreffen kann: Übermittlung, Austausch und Verarbeitung.) In dem Programm, das auf der Innenseite der ersten Umschlagseite jedes Heftes der Zeitschrift „Kybernetik“ abgedruckt ist, wird folgende Umschreibung des Themenbereichs dieser Zeitschrift gegeben: „Nachrichtenübertragung, Nachrichtenverarbeitung, Steuerung und Regelung“. Dies entspricht also genau der ursprünglichen Begriffsbestimmung WIENERS. Von dieser muß man also sagen, daß sie, obwohl sie damals nur von verschwindend geringem Erfahrungswissen gestützt war, den Forschungsweg der Kybernetik treffsicher im voraus gekennzeichnet hat; denn sie umfaßt und kennzeichnet alles, was man auch heute zur „Kybernetik“ rechnet.

Wir wollen versuchen, noch einen Schritt in der Abstraktion weiterzugehen, und fragen, was die beiden englischen bzw. die vier deutschen Ausdrücke für einen gemeinsamen Inhalt haben. Die Antwort lautet: Überall spielen Signale oder – im Fall eines aufgeschriebenen Code – Zeichen bzw. Symbole eine Rolle: Beim Regelkreis fließen Signale vom Fühler und von der Führungsgröße zum Stellglied; in der Informationsübertragung und -verarbeitung sind sie die Träger der Information, deren Menge gemessen oder die verarbeitet wird. Hiernach wäre also der Kernbegriff der Kybernetik – falls man einen solchen sucht – der des Signals oder auch derjenige der Information, die vom Signal oder vom Zeichen getragen oder repräsentiert wird. Die Kybernetik ist danach also im tiefsten Grund *die Wissenschaft von der Information.* Aber es zeigt sich bei solch einer abstrakten Formulierung, daß sie blaß ist und die Fülle der Inhalte dieser Wissenschaft nur noch schemenhaft andeutet.

Wir wollen eine weitere Frage stellen, um dem Wesen der Kybernetik näherzukommen: Welche wissenschaftlichen Ziele verfolgte WIENER? Was für ein Motiv veranlaßte ihn zu einer so ungewöhnlichen Maßnahme, die Begründung einer neuen Naturwissenschaft zu proklamieren? Und ist – wie seine Begriffsbestimmung – auch die dynamische Triebfeder seiner Idee lebendig geblieben? In der Einleitung zu seinem Buch *Cybernetics* berichtet WIENER ausführlich über seine Erfahrungen und die Entwicklung seiner Ideen, die der Begründung der Kybernetik vorausgingen: Auf Grund von Überlegungen, von Gesprächen mit Wissenschaftlern verschiedenster Fachgebiete und von Diskussionen besonders über medizinische Fragen war es ihm, dem Mathematiker, klar geworden, daß nicht nur in Maschinen, sondern auch im menschlichen Organismus Regelprozesse stattfinden und daß dort Information übertragen und gespeichert wird.

Als einen dramatischen Höhepunkt in der Entwicklung dieser Ideen schildert WIENER, wie er einmal einen Psychiater aufsuchte, um ihn zu fragen: Kommt beim Menschen auf Grund von Nervenerkrankungen die Erscheinung vor, daß bei jedem Versuch einer auf ein Ziel gerichteten Bewegung Schwingungen (der Hand oder des Armes) auftreten? WIENER hatte nämlich den Gedanken gehabt, gezielten Bewegungen müßten Regelprozesse zugrundeliegen, weil jedes Zielen ja dadurch zustandekommt, daß etwaige Abweichungen vom Ziel wahrgenommen und korrigiert werden. Dann aber war zu vermuten, daß dort auch die für Regelvorgänge typischen Störungen vorkommen müßten, nämlich – statt Konstanthaltung – Regelschwingungen: und dessen wollte er sich bei dem Psychiater vergewissern. Er erhielt eine bejahende Antwort: Es gibt eine solche Erkrankung, den „*Intentionstremor*". Er besteht darin, daß ein leichtes bis heftiges grobes Zittern der Hand bei gezielten Bewegungen, nicht aber in der Ruhe auftritt. Für WIENER war damit die Vorstellung, daß in der Technik und im Organismus gleichartige Gesetzmäßigkeiten herrschen, durch eine neue Erfahrung gestützt; gerade diese scheint für ihn eine entscheidende Bedeutung gehabt zu haben.

Nach der Feststellung gleichartiger Gesetzmäßigkeiten in der Technik und im Organismus empfand WIENER es aber nun als Mangel, daß es keine gemeinsame Begriffssprache gab, mit der die gleichen Erscheinungen in den verschiedenen Gebieten auch auf die gleiche Weise benannt und beschrieben werden konnten. Für eine solche Begriffssprache wollte er durch die Begründung der Kybernetik den wissenschaftlichen Rahmen schaffen. Die Konzeption der Kybernetik als eines eigenen Wissenschaftszweiges geht also historisch auf die Idee der Gemeinsamkeit von funktionellen

Prinzipien in Technik und Biologie zurück. Die Kybernetik ist als eine Plattform gedacht, auf der sich Techniker und Biologen, aber auch Mathematiker, Psychologen usw. treffen können, um miteinander in einer gemeinsamen wissenschaftlichen Sprache über Probleme der *control and communication*, die in verschiedenem Gewand in ihren Wissenschaften auftreten, zu sprechen und sich zu verständigen.

Damit ist gleichzeitig gesagt, daß die Begriffe der Kybernetik neutral und abstrakt sein sollen, und zwar in dem Sinne, daß sie keine Bestimmungsmerkmale der Technik oder der Biologie enthalten, die sie im jeweils anderen Gebiet unanwendbar machen. Denn ohne neutrale Begriffe kann man nur Analogien aufstellen – „das Gehirn arbeitet *wie ein* Rechenautomat" – oder in einem Gebiet die Begriffe des anderen verwenden – „das Gehirn *ist* ein Rechenautomat". Solche Ausdrucksweisen sind stets halb zutreffend und halb irreführend, weil stets auch Unterschiede zwischen den verglichenen oder gleichgesetzten Systemen vorliegen, die nicht wegdiskutiert werden dürfen. In dem vorliegenden Beispiel kommt dazu, daß das Gehirn nur zum geringen Teil in seiner Funktion durchschaut ist und man vermeiden muß, über noch Unbekanntes begriffliche Vorwegurteile zu fällen. Will man die vorhandenen und bekannten Übereinstimmungen zwischen Rechenautomat und Gehirn mit einem wissenschaftlichen Begriff bezeichnen, so braucht man dazu also abstrakte und neutrale Ausdrücke, die das Gemeinsame treffen und doch weder von der einen noch von der anderen Seite mit unübertragbaren Vorstellungen belastet sind. Solche Ausdrücke hält die Kybernetik bereit, beispielsweise: „Sowohl in Rechenautomaten als auch im Gehirn *wird Information verarbeitet*". Hütet man sich in diesem Satz noch vor dem fatalen „nichts anderes als" (was fast stets darauf hinzielt, einen Teil der Wirklichkeit aus dem Gesichtskreis auszuschließen), so entspricht man dem Geist der Kybernetik, wie ihn WIENER wollte: Gemeinsames aus Technik und Biologie mit Hilfe neutraler Begriffe wissenschaftlich zu erfassen.

In diesen Erörterungen über die wissenschaftliche Zielsetzung der Kybernetik ist ihr Zug zu abstrakten, neutralen Begriffen nachdrücklich zur Sprache gekommen. Dabei erhebt sich die Frage: Ist denn dann die Kybernetik nicht einfach ein Teilgebiet der Mathematik und vielleicht der wissenschaftlichen Logik? Denn diese sind doch die Bereiche, in denen abstrakte Begriffe der Gegenstand der Forschung sind? Die biologische und die technische Kybernetik wären dann als „angewandte Kybernetik" zu bezeichnen, während die „Kybernetik schlechthin" zur Mathematik und Logik gehörte. – Dieser Schluß ist jedoch nicht richtig. Alle Naturwissenschaften, also Physik, Chemie, Biologie, Geologie usw. versuchen, ihren Forschungsbereich mit Hilfe mathematischer d. h. abstrakter Begriffe in die Hand zu bekommen, ohne daß sie dadurch den Charakter der „angewandten Mathematik" annähmen. Entscheidend für den Charakter einer Wissenschaft ist der Schwerpunkt ihrer Forschungsprobleme, und diese sind bei der Kybernetik, wie die Aufzählung am Anfang dieses Abschnittes zeigte, gegenständlich-naturwissenschaftlicher Art. Natürlich können während kybernetischer Forschungen auch einmal Probleme auftreten, die für die Mathematiker selbst von Interesse sind. Dies traf bei der ersten Entwicklung der Informationstheorie zu, welche bis dahin unbekannte mathematische Probleme aufwarf. – Am besten kennzeichnet man jedoch den Standort der Kybernetik, wenn man sagt: Sie umfaßt – mit der biologischen, der technischen Kybernetik und der Informationstheorie – typisch naturwissenschaftliche, technologische und mathemathische Forschungsbereiche.

F4. Mensch, Maschine, Homunculus

4a. Die *Beziehungen des Menschen zu den Maschinen* sind vielgestaltig und unausgewogen. Er erfindet, konstruiert und verfertigt sie, fühlt sich aber von ihnen vielfach in die Rolle des Zauberlehrlings versetzt, der in die Macht seiner eigenen Geschöpfe gerät. Wo Maschinen die Arbeit von Menschen übernehmen, verdrängen sie sie von ihren Arbeitsplätzen, treten also für sie als echte Konkurrenten im Kampf ums Dasein auf. NORBERT WIENER versuchte den ideologischen Spieß umzudrehen und prägte die programmatische Parole ,,The human use of human beings" (die menschenwürdige Verwendung des Menschen): Es sei nicht menschenwürdig, einen Menschen Dinge verrichten zu lassen, die auch eine Maschine zu tun vermag; daher sei es eine zutiefst humane Aufgabe, alle Routine-Arbeit den Maschinen aufzubürden und den Menschen dadurch frei zu machen, allein Menschenwürdiges (= maschinell nicht zu Erledigendes) zu tun.

Von der Unausgewogenheit des Verhältnisses zwischen dem Menschen und seinen technischen Geschöpfen zeugt auch die immer wiederkehrende Phantasie vom künstlichen Menschen, sei es in Form des Homunculus oder des Roboters. Alles Roboterhafte muß seiner Natur nach beim Menschen gleichzeitig Bewunderung (als erstaunliches Menschenwerk) und Gruseln hervorrufen, letzteres auf Grund einer dem Menschen und manchen höheren Tieren eigenen Reaktion des Entsetzens vor dem entstellten Artgenossen (,,Gespenstreaktion"). In einen ähnlichen, eigenartigen Zwiespalt der Gefühle gerät man, wenn man Musik hört, die von elektronischen Rechenautomaten komponiert worden ist: Die meisten Zuhörer sagen, sie würden diese Musik, falls sie über ihre Entstehung nichts wüßten, von den Erzeugnissen mittelmäßiger Komponisten nicht zu unterscheiden vermögen.

Wo gegensätzliche Empfindungen in den Menschen erweckt werden, läßt sich daraus in vielfältiger Weise Kapital schlagen, sei es um des Scherzes, sei es um ernstgemeinter Ideen willen. Ein wohlgelungenes

Beispiel für das erstere ist folgende vor Jahren erschienene Zeitungsnotiz:

Elektronenhirn stellte sich dumm. Gab nur „Kopfschütteln" von sich. Gent/Belgien. (AP) In Gent hat sich vor kurzem ein Roboter geweigert zu „denken". Es handelte sich um ein neues Elektronenhirn, das noch einmal von Ingenieuren überprüft wurde und – versagte. Dabei sollten in einer knappen Stunde drei Minister und mehrere andere „hohe Tiere" den Sprößling der Technik kennenlernen. Zuerst gab der Roboter „verstockt" dauernd falsche Antworten. Schließlich aber weigerte er sich überhaupt, auf die ihm gestellten Aufgaben in irgendwelcher Form zu reagieren. Das einzige, was aus der merkwürdigen Maschine kam, war eine Art „Kopfschütteln", das die Fachleute mit „ich verstehe nicht, was ihr wollt" übersetzten. Nun muß sich das defekte Elektronenhirn eine Untersuchung auf seinen „Geisteszustand" gefallen lassen.

Das Stilmittel dieser Zeitungsnotiz ist deutlich: Effekte werden dadurch erzielt, daß Ausdrücke aus dem Umgang mit Menschen situationsgerecht auf eine Maschine angewendet werden.

4b. Kybernetik als Argument für weltanschauliche Thesen. Ein ernsteres Gegenstück zu dem Vorangegangenen ist die Verwendung ähnlicher Sprachmittel zur Untermauerung weltanschaulicher Thesen: Im Namen der Kybernetik werden heute vielfach Ausdrücke aus der menschlichen Sphäre auf die Maschinenwelt übertragen, indem man zwei Begriffe aus den beiden verschiedenartigen Bereichen zu einem Ausdruck verschmilzt. So spricht man z. B. von Elektronengehirnen, von künstlicher Intelligenz, von maschinellem Denken und von Denkmaschinen. Wer dies tut, nimmt, auch wenn er es nicht ausdrücklich sagt, Stellung zur Frage „Was ist der Mensch?". Er wird auch von seinen Hörern und Lesern notwendig so verstanden. Mit der Frage nach dem Wesen des Menschen verknüpfen sich nun für viele, ja vielleicht für alle denkenden Menschen die Probleme der Willensfreiheit, der Verantwortlichkeit, der Stellung des Menschen in der Natur und des Sinnes des Lebens, insgesamt also die wichtigsten Grundlagen des Selbstwertgefühls. Darum reagieren die Menschen aufmerksam und empfindlich auf alle Bekundungen, in denen diese Fragen angerührt werden, auch wenn dies nur indirekt geschieht. Wer nun von „künstlicher Intelligenz", von „maschinellem Denken" u. ä. spricht und dies ernst meint, wird so verstanden, als wolle er sagen: „Zwischen Mensch und Maschine besteht kein Wesensunterschied", oder, wie K. Steinbuch es sogar als „These der Kybernetik" formuliert: „Es wird angenommen, daß das Lebensgeschehen und die psychischen Vorgänge aus der Anordnung und physikalischen Wechselwirkung der Teile des Organismus im Prinzip vollständig erklärt werden können."

Es gab immer schon Wissenschaftler und Philosophen, die ihre Thesen nicht nur zur Diskussion stellten, sondern auch besondere Sprachmittel dafür einsetzten, um ihre Annahme bei Hörern und Lesern zu erwirken: Sie belassen es nicht bei sachlichen Aussagen der üblichen Form, sondern versuchen, ihre Glaubenssätze durch *neue Wortbildungen in der Sprache zu verankern.* Sie rechnen dabei bewußt oder unbewußt auf die Magie des Wortes und die Wortgläubigkeit (den Sprachrealismus) der Menschen; sie wirken nicht nur auf der Ebene des Verstandes, sondern auch im Bereich des Unterbewußten.

Wie hat sich nun die wissenschaftliche Kybernetik zur Prägung von Ausdrücken wie „künstliche Intelligenz" und zu den damit verknüpften allgemeinen Thesen zu stellen? Meiner Ansicht nach ist beides aus mehreren Gründen, von denen vier im folgenden besprochen werden, kompromißlos abzulehnen.

1. Es gehört zur in *F 3* dargelegten Zielsetzung der wissenschaftlichen Kybernetik, Begriffe zu bilden und zu verwenden, die abstrakt und neutral sind; sie sollen keine spezifischen Inhalte (Bestimmungsmerkmale) haben, die ihre Anwendung auf einzelne Teilgebiete der Kybernetik beschränken und sie für das Gesamtgebiet unanwendbar machen. Wie steht es in dieser Hinsicht mit den Begriffen „Intelligenz", und „Denken"? Die Antwort lautet: Sie sind als Fachausdrücke ausschließlich Spezialbegriffe der *Psychologie des Menschen.* Sie sind bis heute keineswegs auf abstrakte, mathematisch formulierbare Begriffe zu reduzieren, so daß sie nicht als Begriffe der Kybernetik gelten können. Daher ist es ein methodischer Fehler und verstößt gegen die Zielsetzung der Kybernetik, diese Ausdrücke auf technische Systeme anzuwenden.

2. Wer von Denkmaschinen und künstlicher Intelligenz spricht, spiegelt vor, Maschinen könnten das menschliche Denken bzw. die Anwendung von Intelligenz simulieren (nachahmen). Diese Behauptung wäre vielleicht zu vertreten, wenn man die physiologischen Grundlagen des menschlichen Denkens und der Intelligenz kennen würde. Da wir aber darüber bis heute so gut wie gar nichts wissen, kann auch niemand beurteilen, ob das gemeinte Maschinenverhalten den Gehirnvorgängen ähnlich ist oder ganz anders abläuft. Wir können noch nicht einmal sagen, ob die Maschinen den *formalen Ablauf* des Denkens richtig nachvollziehen können; denn darüber könnte man nur urteilen, wenn das Denken logisch und mathematisch durchsichtig wäre. Das ist aber nur für einen schmalen Sektor der Fall, z. B. für mathematisches Schließen und für einfache logische Denkstrategien wie das Lösen logischer Aufgaben oder das Verhalten beim Spielen von Dame und Schach usw. Der überwiegende Teil des Denkens entzieht sich heute noch der mathematisch-logischen Formulierung, damit aber auch der Nachahmung durch Maschinen. Die genannten Ausdrücke täuschen also ein Wissen vor, das wir nicht besitzen.

3. Ein dritter Ablehnungsgrund für die genannten Ausdrücke und Aussagen liegt darin, daß sie aufgrund der gewählten Formulierung als weltanschauliche Stellungnahme wirken oder sogar wirken sollen. Damit erhalten sie einen außerwissenschaftlichen Aspekt. Dagegen wäre nichts einzuwenden, wenn es sich um wissenschaftlich korrekte Aussagen handelte. Es handelt sich aber – siehe Punkt 1 und 2 – um wissenschaftlich unzulässige Verallgemeinerungen. Daher tragen die genannten weltanschaulichen Thesen fälschlich den Anstrich der Wissenschaftlichkeit!

Es ist zwar seit jeher gang und gäbe, daß sich weltanschauliche Tendenzen auf Ergebnisse der Naturwissenschaften berufen. Man muß sich dabei jedoch folgendes vor Augen halten: Durch unkritisches Verallgemeinern naturwissenschaftlicher Aussagen lassen sich fast beliebige, ja sogar total gegensätzliche Anschauungen „begründen": PASCUAL JORDAN folgerte z. B. die *irrationale* Wesensstruktur des Lebens und des Menschen aus Ergebnissen der *Quantenphysik*, K. STEINBUCH das Gegenteil davon, die *rationale Erfaßbarkeit des Menschen – einschließlich der geistigen Prozesse* – aus den Aussagen der *Kybernetik*.

4. Wenn weltanschauliche Thesen so dargestellt werden, als seien sie wissenschaftlich verbindlich, so schadet das denjenigen Wissenschaften, auf deren Ergebnisse und Begriffe sie sich berufen, und schwächt deren Stellung in der Öffentlichkeit: Für diejenigen, welche den weltanschaulichen Thesen zugeneigt sind, mag sich dadurch zwar das Gewicht der zitierten Wissenschaft erhöhen; für die anderen dagegen, welche die weltanschaulichen Thesen ablehnen, erhält die zum angeblichen Beweis herangezogene Wissenschaft den gleichen Charakter wie diese, nämlich denjenigen unverbindlicher Spekulationen. Daher ist der Naturwissenschaftler der Öffentlichkeit gegenüber verpflichtet, Wissenschaft und weltanschauliche Thesen klar voneinander zu trennen.

Damit stehen dem ernstgemeinten Gebrauch von Begriffen wie künstliche Intelligenz, maschinelles Denken usw. sowie den daran geknüpften allgemeinen Thesen vier gewichtige Gründe entgegen:

Sie widersprechen der Zielsetzung der Kybernetik, abstrakte, neutrale Begriffe zu verwenden, die nicht durch anhängende Bestimmungsmerkmale aus speziellen Anwendungsgebieten belastet sind;

sie spiegeln Kenntnisse über das menschliche Denken u. a. vor, die wir nicht besitzen;

sie verleihen weltanschaulichen Thesen und unzulässigen Verallgemeinerungen fälschlich den Anstrich der Wissenschaftlichkeit; und

sie verwischen die Trennlinie zwischen Wissenschaft und weltanschaulichen Thesen und gefährden damit Stellung und Ansehen der Kybernetik *als einer Naturwissenschaft*.

Aus all diesen Gründen muß man, meine ich, den Gebrauch der genannten Ausdrücke und die damit verknüpften Thesen als nicht-naturwissenschaftlich ablehnen und fordern, daß weltanschaulich engagierte Autoren in Wort und Schrift klar und unmißverständlich zwischen naturwissenschaftlichen Aussagen und weltanschaulichen Thesen unterscheiden.

4c. Die Maschine und ihr Konstrukteur. Man sagt, eine Maschine könne nur solche Fähigkeiten aufweisen, die ihr Konstrukteur in sie hineingelegt habe. Diese Aussage ist richtig, aber inhaltsleer: Denn dazu, daß der Konstrukteur eine Maschine baut und daß deren Eigenschaften sich zwingend aus der verwirklichten Konstruktion ergeben, ist gar keine sinnvolle Alternative denkbar. Einen vernünftigen Sinn bekommt der genannte Satz aber, wenn man das Wörtchen „wissentlich" hinzufügt; dann jedoch erweist er sich als unrichtig. Ein Konstrukteur kann bei einer von ihm entworfenen Maschine durchaus von unvorausgesehenen Verhaltensweisen derselben überrascht werden! Ein Beispiel aus der Kybernetik ist folgendes:

Der Fachmann für Übersetzungsmaschinen Prof. Bar Hillel übergab seinem System den folgenden englischen Satz zur grammatischen Analyse: Paul thought that poor John slept soundly (Paul meinte, daß der arme Hans fest schlief). Die grammatische Analyse ist ein Teil der Arbeit der Maschine beim Übersetzen, weil ein und dasselbe Wort in verschiedenen Zusammenhängen unterschiedliche Bedeutungen haben kann. Im Deutschen kann z. B. die Silbe „sein" ein besitzanzeigendes Fürwort oder die Nennform eines Zeitworts sein. Die Maschine entscheidet zwischen den beiden Möglichkeiten auf Grund der Wortstellung: Folgt nach dem „sein" ein Dingwort, so übersetzt sie es nach der ersten, im anderen Fall nach der zweiten Alternative. Das setzt natürlich voraus, daß die Maschine die eingehenden Worte nach ihrem grammatischen Charakter klassifiziert, was sie mit Hilfe einer Art automatischen Wörterbuchs auch tut. In dem zu erzählenden Fall streikte nun die Maschine und meldete: „Zwei unterschiedliche Deutungen möglich". Es dauerte lange, bis der Erbauer der Maschine auf die zweite Möglichkeit kam, die ihm seine Maschine andeutete*. Das hatte er seiner Maschine nicht wissentlich eingeprägt!

---

* Die Maschine hatte gefunden, daß das Wort *that* in dem englischen Satz auf zweierlei Weise deutbar ist: Als Konjunktion („*daß*") sowie als Demonstrativpronomen („*dieser* arme Hans"); letzteres ist möglich, weil die Konjunktion *that* im Englischen fehlen darf (*Paul thought poor John slept soundly*), ohne daß sich der Sinn des Satzes ändert, und weil, wenn man dieses Fehlen voraussetzt, ein trotzdem dort stehendes *that* natürlich für andere Bedeutungen, falls es solche gibt, zur Verfügung steht.

LITERATURHINWEISE

Im folgenden werden unter *a)*, *b)* und *c)* Schriften genannt, die sich im Schwierigkeitsgrad etwa an dieses Buch anschließen und sich zum Weiterstudium eignen. Unter *d)* sind Veröffentlichungen angegeben, auf die sich einzelne Abschnitte dieses Buches besonders stützen.

a) Bücher einzelner Autoren; Handbücher und Lexika (chronologisch)

WIENER, N.: Cybernetics. John Wiley and Sons, New York 1948, 2. Aufl. 1961
Deutsche Ausgabe:
WIENER, N.: Kybernetik. Econ-Verlag Düsseldorf. 1963

SHANNON, C. E. und W. WEAVER: The Mathematical Theory of Communication. The University of Illinois Press, Urbana 1949

OPPELT, W.: Kleines Handbuch technischer Regelvorgänge. Verlag Chemie, Weinheim/Bergstr. 1953, 2. Aufl. 1960

WAGNER, R.: Probleme und Beispiele biologischer Regelung. Thieme-Verlag, Stuttgart 1954

WIESER, W.: Organismen Strukturen Maschinen. Fischer-Bücherei Nr. 230, Frankfurt 1959

MEYER-EPPLER, W.: Grundlagen und Anwendung der Informationstheorie. Springer-Verlag, Berlin/Göttingen/Heidelberg 1959

ZEMANEK, H.: Elementare Informationstheorie. R. Oldenbourg Verlag Wien und München 1959

STEINBUCH, K.: Automat und Mensch. Springer-Verlag, Berlin/Göttingen/Heidelberg 1961, 3. Aufl. 1965

STEINBUCH, K. (Herausg.): Taschenbuch der Nachrichtenverarbeitung. Springer-Verlag, Berlin/Göttingen/Heidelberg 1962

MÜLLER, A. (Herausg.): Lexikon der Kybernetik. Verlag Schnelle, Quickborn bei Hamburg 1964

PIERCE, J.R.: Phänomene der Kommunikation. Econ-Verlag Düsseldorf 1965

FLECHTNER, H.-J.: Grundbegriffe der Kybernetik. Eine Einführung. Wissensch. Verl. Ges. Stuttgart 1966, 3. Aufl. 1969

DRISCHEL, H.: Einführung in die Biokybernetik. Akademieverlag, Berlin 1972

SCHAEFER, G.: Kybernetik und Biologie. Metzlersche Verlagsbuchhandlung, Stuttgart 1972

b) Sammelbände von Aufsätzen verschiedener Autoren (chronologisch)

Regelungsvorgänge in der Biologie. Herausg. H. MITTELSTAEDT. Verlag Oldenbourg München 1956

Regelungsvorgänge in lebenden Wesen. Herausg. H. MITTELSTAEDT. Verlag Oldenbourg München 1961

Aufnahme und Verarbeitung von Nachrichten durch Organismen. Herausg. R. FELDTKELLER. S. Hirzel Verlag Stuttgart 1961

Sensory Communication. Herausg. W. A. ROSENBLITH. John Wiley and Sons New York 1961

Mehrere Aufsätze über biologische Kybernetik in der Zeitschrift: Die Naturwissenschaften *48*, Heft 7 und 8, S. 169 bis 289, 1961

Kybernetik – Brücke zwischen den Wissenschaften. Herausg. H. FRANK. Umschau-Verlag Frankfurt a. M. 1962, 7. Aufl. 1970

Kybernetik 1968. Herausg. H. MARKO und G. FÄRBER. Verlag Oldenbourg, München und Wien 1968

Informatik. Herausg. H. J. SCHARF. Johann Ambrosius Barth, Leipzig 1972

Biokybernetik. Herausg. H. DRISCHEL und N. TIEDT. VEB G. Fischer-Verlag Jena 1968 (Band I und II) und 1971 (Band III)

c) Übersichtsreferate

HASSENSTEIN, B.: Die bisherige Rolle der Kybernetik in der biologischen Forschung. Naturwissenschaftl. Rundschau *13*, 349–355, 373–382, 419–424, 1960

DANZER, A.: Biologische Regelung. Der Mathematische und Naturwissenschaftliche Unterricht („MNU") *16*, 207–214, 1963 und *17*, 156–165, 1964

HASSENSTEIN, B.: Kybernetik und biologische Forschung. In: Handbuch der Biologie. Herausg. F. GESSNER. Band I, S. 629—719. Akademische Verlagsgesellschaft Athenaion, Frankfurt 1966

d) Einzelarbeiten zu bestimmten Abschnitten

zu *A 5:* v. HOLST, E., und H. MITTELSTAEDT: Das Reafferenzprinzip. Naturw. *37*, 464–476, 1950, neu erschienen in: v. HOLST, E.: Zur Verhaltensphysiologie bei Tieren und Menschen, Band I. Piper-Verlag München 1969

BISCHOF, N. und E. KRAMER: Untersuchungen und Überlegungen zur Richtungswahrnehmung bei willkürlichen sakkadischen Augenbewegungen. Psychol. Forsch. *32*, 185–218, 1968

v. BRANDIS, C.: Scheinbewegungen bei Blicksprüngen. Preisarbeit im Rahmen des Wettbewerbs „Jugend forscht". Praxis der Biologie *18*, 167–169, 1969

zu *B 1* und *B 2:* MITTELSTAEDT, H.: Die Regelungstheorie als methodisches Werkzeug der Verhaltensanalyse. Naturw. *48*, 246–254, 1961

zu *C 5:* DIN-Normblatt „Regelungstechnik" (Nr. 19226), zu beziehen durch: Beuth-Vertrieb GmbH, Berlin W 15

zu *C 7:* KÜPFMÜLLER, K., und G. POKLEKOWSKI: Der Regelmechanismus willkürlicher Bewegungen. Z. f. Naturf. *11b*, 1–7, 1956

zu *D 1* bis *D 4:* Informationstheorie, Begriffe. Nachrichtentechnische Zeitschrift (NTZ) *16*, 46–49, 1963

zu *D 5:* JOKUSCH, H. und WITTMANN, H. G.: Entschlüsselung des genetischen Codes. Die Umschau *66*, 49—55, 1966

zu *D 6:* RUSHTON, W. A. H.: Peripheral Coding in the Nervous System; in: Sensory Communication 1959, siehe Literaturhinweise *b)*

zu *E 1:* REICHARDT, W., K. KIRSCHFELD und D. VARJU: Mehrere Arbeiten in Band *1* und *2* der Zeitschrift *Kybernetik*, 1961ff.

BAUMGARTNER, G.: Indirekte Größenbestimmung der rezeptiven Felder der Retina beim Menschen mittels der HERMANNschen Gittertäuschung. Pflügers Archiv *272*, 21, 1960

zu *E 2:* REICHARDT, W.: Die Lichtreaktionen von Phycomyces. Naturw. *48*, 192–207, 1961, und Kybernetik *1*, 6–21, 1961

zu *E 3:* STEINBUCH, K.: Die Lernmatrix. Kybernetik *1*, 36–45, 1961

zu *F 4:* STEINBUCH, K.: Künstliche Intelligenz. Studium Generale *14*, 400–408, 1961

NAMEN- UND SACHREGISTER

Das Zeichen → bedeutet „siehe". **Halbfett** gedruckte Zahlen verweisen auf wichtige Textstellen, Sternchen (*) auf Abbildungen und Abbildungslegenden. Fachausdrücke aus mehreren Wörtern (z. B. „optische Täuschungen", „Übertragung von Information") suche bei den *Hauptwörtern* („Täuschungen, optische") bzw. bei *zusammengesetzten Wörtern* („Informationsübertragung").

Abrufen (von Information) 94, **95** ff., 125
abstrakt (Begriffe) 45, 131, 133, 136 f.
Adaptation → Helligkeits-Adaptation
Addition 21*, 23*, 34, 35*, 49*
Addition (im ZNS) 21 ff., 35
afferent **2**, 22, 25, 47, 82 f., 90, 93
Aktionspotential → Nervenimpuls
Aminosäuren 79 f.
Amplitudenmodulation 84 ff., 85*
Analogie 45, 133
Antagonisten 40
Assoziation **115** ff., 125
Atmung **38** f., 41 f., **47**
Augachsenwinkel → Konvergenzwinkel
Augapfel 5, 16
Augenbewegungen 16 ff.
Augenbewegungs-Kommando → Kommando
Augenmuskeln (Funktion) 7 ff., 16, 21
Ausführungsorgane 2, 41 f.

Bar Hillel 138
Bauchmark 1*, 81, 83
Bedeutungsmatrix 121
Begriffe (der Kybernetik) **45**, 123, 125, **132** f., 136 f.
Belichtungsmesser 106 ff., 109, 113
Bereichseinstellung (des Auges) → Helligkeitsadaptation
Bewegungskommando → Kommando
Bewegungssehen 8 ff., 131
Bewegungstäuschungen 16 ff., 20 ff., 24 ff.
Bewegungswahrnehmung → Bewegungssehen
Biene 1*, 41
binär (Zeichen, Code) **59**, 60, 62
binokular → Entfernungsschätzung
Biochemie 124
Biologie 45, 123 ff., 132 ff.
Biophysik 124
bit **59** ff., 80, 98
Blutdruck **81**, 128
Blutkreislauf 37 f., 41, 47
Blutspeicher 38
Blutstrom (Geschwindigkeit) 91
Blutzucker 38, 93 f.
Bogengänge (im Labyrinth) **11** ff., 12*
Buchstaben (Informationsgehalt) 60, 61, 62 ff., 65 ff., **67**, 94
—, Häufigkeitsreihe 63
Butenandt 91

Code **57** f., 84 ff., 85*, 123, 131
—, degenerierter 80
—, digitaler 60
—, genetischer **75** ff.
—, geschützter 68, **72**, **74** f., 80, **86** ff., **89** f., 121
—, räumlicher 96 f.
—, zeitlicher 96 f.
Codierung 72
Computor → Rechenautomat
Cupula 12*
Cybernetics → Kybernetik

Datenverarbeitung → Informationsverarbeitung
Delbrück 113
Denken 135 ff.
Desoxyribonukleinsäure → DNS
Diabetes 94
Differentialquotienten-Empfindlichkeit 83*
digital 60, 130
Dipteren 13*
Division (Rechenoperation) 110* ff., 111*
DNS **75** ff., 76* Tafel 1* und 2*, 77*, 78*, 97
Dreieckspeilung 26 ff.
Druck-Sinneszelle (menschl. Haut) 82*
Drüsen 2, 39 f., 47, 81, 91, 92 f., 114 f.
Du Bois-Reymond 83
Dunkeladaptation → Helligkeitsadaptation

Effektor → Ausführungsorgan
efferent **2**, 22, 25, 36, 47, 90
Efferenzkopie **22** ff., 23*, 25 f., 35*
Eichung 28
Eiweißstoffe → Proteine
Ekdyson 91 f.
„Elektronengehirn" 135 f.
Elektronenmikroskop Tafel 1
Elektronik 130
Elektroretinogramm 85
Elektroschock 97
Empfänger 73* f., 90 f.
—, korrigierender **74** f., 117, **120** ff.
Endolymphe 12

Engram 121
Entfernungsschätzung **26**ff., 27*
Entscheidungsgehalt 67
Erbsubstanz → DNS
Erregung → Nervenimpuls
Erregungen, kreisende 115f., 116*
Erregungsleitung → Nervenleitung
Extremwertschaltung 120ff.

feed back → Rückkoppelung
Fermente 78f., 92
Fieber **48**ff., 128
Fingerverwechslungsversuch **2**ff., 3*
Fixierstelle (Auge) 33, 101, 103
Fliehkraftregler 36
Flußkrebs 83
Form 98, 127
Formensehen **4**f., **9**f., 125
Formerkennung → Formensehen
Formwahrnehmung → Formensehen
Fovea → Fixierstelle
Frequenz → Impulsfrequenz
Frequenzmodulation 85*
Fühler **45***, **46**, 47, 48, 93, 131
Führungsgröße **47**ff., **49***, 128f., 131

Ganzheit 126
Ganzwortmethode 125
Gedächtnis 97, 121f., 125
Gegenkoppelung 130
Gehirn 1*, 97, 127, 133, 136
Gelenkrezeptoren 30
Generatorpotential 85
Geräusch 73f., 74*
Gespenstreaktion 134
Gestaltsehen → Formensehen
Gleichgewichtshaltung **29**ff.
Glimmlampe 24
Grenzfall, aperiodischer 53*, 54

Halteren 13*
Hautsinne (Mensch) 1, 82, 83
Häufigkeit (Zeichenhäufigkeit) **63**ff.
Hecheln 39f., 41, 47
Helligkeitsadaptation 37, 47, **105**ff., 110*, 111*
Helmholtz, H. v. 15
Hermann, L. 101
Herzschlag(frequenz) **37**f., 41, **47**, 81
Histologie 127
Holst, E. v. 22, 26
Hormone 75, **90**ff.
Hypothese 21ff., 23*, **25**f., 124

Impulsdauer-Modulation 84, 85*, 90
Impulsfrequenz (nervöse) **82***, 83*, 84ff., 85*
Information 5f., **7**ff., **15**, **56**ff., **61**ff., **63**ff., **68**ff., 72ff., **75**, **94**ff., **98**, 125
Informationsgehalt → Informationsmenge
Informationskapazität 59, **70**, 75, 85, 131
Informationsmenge **56**ff., **59**ff., **61**ff., **63**ff., **67**, **68**ff., 80, 85, **98**, 123
Informationsspeicherung **94**ff., 115ff., 117ff.
Informationstheorie 56ff., 64, **72**f., 134
Informationsträger 93, **94**ff.
Informationsübertragung 56ff., **72**ff., **73***, **74***, 97f., 124, 131
Informationsverarbeitung 1, 2ff., 6ff., 10ff., 16ff., 26ff., 29ff., 32ff., **99**ff., 124, 127, 130, 131
Inhibition, laterale **99***ff., **104***, 120, 127f., 128*, 131
Inhibitionskoeffizient 99*, **100**ff.
Inseln, Langerhanssche 93f.
„innere Uhr" 125, 131
Instabilität (Regelkreis) **50**ff., 51*, **54**f., 123, 129, 132
Insulin 93f.
Integration (zeitliche) **15**
Intelligenz 135ff.
Intentionstremor 132
invariant 111ff.
Istwert (der Regelgröße) **45***, **46**, 51*

Jordan, P. 137

Kälte-Sinneszelle 83*
Kältezittern 40, 41, 47, 48
Kannphase 119ff.
Klöppelorgane → Halteren
Kniesehnenreflex **114**, **116**
Kommando (vom ZNS ausgehend) 5f., 9*, 21ff., 23*, 25, 34f., 35* 81
Kommunikation 131
Konstanzleistung 113
Kontaktthermometer **43**f., **44***, 46
Kontrast 100ff., 101*, 102*, 103ff., 104*
Konvergenzwinkel (Augenachsen) **26**ff., 27*, 128f.
Korrektur-Mechanismus → Stellglied
Krampf, epileptischer 97
Kühlschrank **43**f., **44***, 46, 127
Kybernetik **45**, **56**, **123**ff., 129, **130**ff., 135ff.
—, biologische **123**ff., 127, 129
— in der Medizin 48ff., 94, **128**f., 132
—, technische 43f., **44***, 123, **127**f.

Labyrinth (im inneren Ohr) **11**ff., 12*, 30ff.
Lautsprecher 95f.
ld → Logarithmus dualis
Lernen 28, 70, 114ff., 117ff., 125
Lernmatrix 113, **117**ff., 119*, 120*, 126, 131
Lesen 4ff., 7ff., 22, 96f.
Lichtwachstumsreaktion 113
Lidschlußreflex 15, 113f.
Logarithmus (dualis) IV, **60**ff.

Magensaft-Sekretion 114
Maschine 134ff., 138
Mathematik 105, 124, 130, 133f.
Mechanismus-Vitalismus-Streit 126
Medizin 48ff., 91, 92, 94, 128f.
Meldung → Nachricht
Mensch 134ff.
messenger RNS 79
Meßbereich 111
Meßeinrichtung, Meßorgan → Fühler
Metamorphose (Insekten) 91f.
Mikrophon 95, 97
Mikrophonpotential (Gehör-Sinneszellen) 85
MITTELSTAEDT, H. 26, 29, 32ff.
Modellüberlegung 17ff., 115f., 122
Modellversuche 50, 131
Modulation 85*
Morsezeichen 59
Multiplikation 43
Multiplikationsinstanzen 21*, 116*
Muskel 38
Muskelkontraktion 1, 2, 36, 38, 40, 80, 114

Nachbild (Netzhaut) 26
Nachricht 56ff.
Nachrichtenmenge → Informationsmenge
Nachrichtentechnik 90, 127
Nachrichtenübertragung → Informationsübertragung
Nachtigall 123f.
Nahepunkt (Auge) 27
Nebenaugen 109, 111
Nerven 1ff., 81*, 82
Nervenfaser 80ff., **87***
Nervenimpuls **82***ff., **83***, 85*, **86**ff., 87*, 93, 126
Nervenleitung 1ff., 75, **80**ff., 90f., 131
Nervensystem → ZNS
nervöse Signale → Nervenimpuls
Netzhaut (Auge) 26, 36, 103
Neuronenmodell 131
Nick-Lese-Versuch **6**ff., 7*, 9*, 16, 19
Normierung (Signale) **74**f., 82ff., **88**ff.
Nucleinsäuren → DNS, RNS
Nucleotid **77**ff.
Nystagmus **4**ff., 8, 22f.

Ocellen 109
Operationen, mathematische (vom ZNS durchgeführt) 10, **15**, 21ff., 28, 31, 35, 99ff., 105

Parameter 95
PAWLOW 114, 126
Photographie 109
„Photometerauge“ 109, 110*
Progesteron 91
Programmierung 130
Proteine 78f.
Psychologie 133, 136
Puls-Code-Modulation 75, 127
Pulsfrequenz **37**f.
Pupillen-Reaktion **36**ff., 41, 43, **47**, **54**f., 55*, 105, 113, 131

Raumlage-Korrektur-Reaktionen **29**ff.
Rauschen (noise) **72**ff.
—, weißes 73
Reafferenzprinzip 26
Reaktionen 4, 11, 29ff., 36f.
Rechenautomat 56, 60, 97, 127f., 130, 133, 134, 135
Redundanz **68**ff., 74, 98, 123
Reflexe 2, 15, **113**f.
—, bedingte 113, **114**ff., 115*, 117*, 118, 129
Reflexionsgrad von Oberflächen 106ff., 111
Refraktärzeit 82, **87***, **89**f.
Regelabweichung 41ff., **46**, 47, **50**ff., **51***, 93
Regelgröße **45***, 47, 50ff., 51*, 93
Regelkreis **42***, **45***, **46**, 49*, 50ff., 93f., 113, 123, 125, 126, 129
Regelprozesse, biologische 36f., 37f., 38f., 39ff., **41**ff., 42*, 47ff., 81, 93f., 105, 128f., 132
—, technische 36, 43f., 44*, 127
Regelschwingung 36, 38, 50ff., **51***ff., 94, 129, 132
Regelung (selbsttätige) 36ff., **41**ff., 45, **46**, 56, 124, **126**, 127
Regler 45*, 46
—, stetiger 46f., 50ff.
—, unstetiger 44*, **46**
Reglerkatastrophe 50, **53**ff., 123, 129, 132
REICHARDT 113
Reihe, arithmetische u. geometrische 107
Reiz → Sinnesreiz
Relais **44***
Retina → Netzhaut
Ribonucleinsäure → RNS
Richtungsanzeigen (auf dem Drehstuhl) **10**ff., 99
Richtungshören 10, 11
Richtungstäuschungen (beim Sehen) **16**ff.
RNS 79, 97
Roboter 134, 135
Rückenmark 1*, 81
Rückkoppelung, negative **42**ff., 52, 94, 130
Rückwirkung → Rückkoppelung
Ruhepotential 86, 87*

Schallplatte 94ff.
Schaltalgebra 130
Schaltbilder 9*, 23*, 31*, 35*, 42*, 45*, 49*, 99*, 110*, 111*, 115*, 116*, 118*, 119*, 128*
Schaltbilder (Allgemeines) 21*f., **43**, 125
Scheinbewegungen → Bewegungstäuschungen
Schielen 128f.
Schilddrüse 91
Schizophrenie 129
Schluß, unbewußter (HELMHOLTZ) 15
Schmerz 84

Schock, hypoglykämischer 94
„schwarz“ **106** ff., 111 f.
Sehnerv 21, 36, 80, 83, 103
Sekretin (Hormon) **92** f.
Sender 73*
Sequenz (der Nucleotide) 78 ff.
Servomechanismen 127
SHANNON, C. 56
Signal **1** ff., 56, **58** ff., 80 ff., 88 ff., 98, 116, 131
Signale, kreisende 97, 115 f., 116*
—, normierte → Normierung
Signalübertragung **1** ff., 7, 14, 26, 33, 41 f., 43, 46, 47, 50, 56, 90
Signalverarbeitung → Informationsverarbeitung
Simultankontrast **101***, 102*
Sinnesmeldungen **1** ff., 27 ff., 80, **82***, **83***, **84** ff., 85*, 89, 93
Sinnesorgane 1 f., 11 ff., 32, 41 f., 47, 80, 114 f.
Sinnesorgan-Träger 32
Sinnesreiz 1, 12 f., 14, 16, 84, **85***, 93, 98, 114 ff.
Sinnestäuschungen 11, 14 f., 16 ff., 24 f., 84, 101* 102* f., 125
Sinneszelle 82, 83, 89, 93, 99
Sollwert 43, 44, **46**, 47, 48, 50 ff., 51*, 93, 129
Sollwert-Verstellung 44, **48** ff., 129
Speicheldrüsen 114
Spekulation 123, 125, 137
Spontaneität (des ZNS) 15, 126
Statistik 64, 124
Statolith 12*
STEINBUCH 117 ff., 135, 137
Stellglied **45**,* **46**, 47, 48, 50, 93 f., 105
Stellgröße **45***, 93
Stereo-Schallplatte 95
Steuerung 46, 124, 131
Störgröße 45*, 47, 50 ff., 51*, 93, 129
Störung (Informationsübertragung) 69 f., **72** ff., 73*, 74*, 86, 88 ff.
Störung (Regelprozeß) **51*** ff., **93**
Stottern 129
Strömchen (Nervenleitung) 86 f., 87*
Struktur 98
Subtraktion (im ZNS) 31 f., 99 ff., 110
Symbol 58, 62 f., 74, 98, 131
Symbole, graphische (für Schaltbilder) 21*, 43

Tauben-Gleichgewichts-Versuch **29** ff., 31*
Täuschungen, optische 101*, 102*, 103, 125
Technik 45, 90, 125, 127 f., 132
Telegramm 56 ff., 61, 68, 70 f., 72
Temperatur-Regelung **39** ff., 41 ff., **42***, 48
— (technische Systeme) 43 f., **44***, 46, 127
— (Bienenstaat) 41
— (Mensch, Warmblüter) **39** ff., **42***, **47** ff., 125
Temperatursinn 83*, 84
Testosteron 91
Thermostat → Temperatur-Regelung
Thesen, weltanschauliche 135 ff.
Thyroxin 91
Tierversuche 92
Tipula (Wiesenschnake) 13*
Tonband 94, 95, 97
Totzeit **50** ff., 53 f., 129

Überschwingen (Regelkreis) → Regelschwingung
Übersetzungsmaschine 128, 138
Übertragungskapazität → Informationskapazität
„Und“-Glied 116
Unternehmungsforschung 129 f.

Verdauungsdrüsen 92 f., 114 f.
Verkehrsampel 98
Verknüpfungen, bedingte 115, 117, 118 ff.
Verrechnung → Operationen, mathematische
Verschlüsselung 72
Verstärkung (Regelkreis) 50, **51** ff., 123
Verzögerungsglied 21*, 54, 111*
Vitalismus 126

Wahrscheinlichkeit **65** ff., 98
WATT, J. 36
„weiß“ **106** ff., 111 f.
WENKING, H. 113
WIENER, N. 56, 123, 131, 132, 133, 134
Wille 4, 6, 39, 114
Wirkungsgefüge → Schaltbilder
Würfel 61, 65

Zeichen **57** ff., 131
Zeichenhäufigkeit **63** ff.
Zeigeversuch unter dem Tisch **32** ff., 34*, 35*
Zeitcode → Code
ZEISS 113
Zentralnervensystem → ZNS
Zielen 132
Ziffer 58, 60, 61, 69, 94
ZNS **1*** f., 3 f., **15**, 126
Zuckerkrankheit 94
Zuordnung 118*, 119*
Zweiflügler → Dipteren
Zweipunktregler 46
Zwischensymboleinfluß **62** ff., 65 f., 67, **70** ff., 75, 124

Biologische Arbeitsbücher

Werner Siedentop: Arbeitskalender für den biologischen Unterricht. 2., verbesserte Auflage, 166 Seiten, 4 Abbildungen und 11 Tabellen, DM 14,80 (Band 2)

Fritz Steinecke: Experimentelle Biologie. Arbeits- und Vorbereitungsbuch für den biologischen Unterricht. 4. Auflage, überarbeitet von Rudolf Auge. 237 Seiten, 145 Abbildungen, DM 24,– (Band 3)

Klaus Dylla: Verhaltensforschung. Ihre Behandlung im biologischen Unterricht. 4., überarbeitete Auflage, 118 Seiten, 29 Abbildungen, DM 12,80 (Band 5)

Albert Danzer: Fortpflanzung, Entwicklung, Entwicklungsphysiologie. 3., überarbeitete Auflage, 104 Seiten, 34 Abbildungen, DM 14,– (Band 6)

Wolfgang Dawid: Experimentelle Mikrobiologie. Anleitung zur Isolierung, Züchtung und Untersuchung von Mikroorganismen. 3., überarbeitete Auflage, 124 Seiten, 40 Abbildungen und 4 Bildtafeln, DM 18,– (Band 7)

Kurt Schlösser: Experimentelle Genetik. Eine Einführung in das Arbeiten mit Drosophila, Bakterien und Phagen für die Schulpraxis. 2. Auflage, 109 Seiten, 39 Abbildungen, DM 16,40 (Band 8)

Klaus Dylla / Günter Krätzner: Das biologische Gleichgewicht in der Lebensgemeinschaft Wald. 2. Auflage, 146 Seiten, 40 Abbildungen, DM 19,– (Band 9)

Hans Stengel: Humangenetik. Eine Einführung in die Methoden, Ergebnisse und Erkenntnisse der menschlichen Erblehre. 2., überarbeitete und erweiterte Auflage, 158 Seiten mit 46 Abbildungen, DM 19,– (Band 10)

Lore Steubing / Christian Kunze: Pflanzenökologische Experimente zur Umweltverschmutzung. Luft-, Boden- und Wasserverunreinigung. 2., erweiterte und überarbeitete Auflage, 105 Seiten, mit 19 Abbildungen, DM 13,80 (Band 11)

Eberhard Schmidt: Ökosystem See. Das Beziehungsgefüge der Lebensgemeinschaft im eutrophen See und die Gefährdung durch zivilisatorische Eingriffe. 2., durchgesehene Auflage, 172 Seiten, 37 Abbildungen, 2 Bildtafeln, DM 19,50 (Band 12)

Werner Nachtigall: Einführung in biologisches Denken und Arbeiten. 168 Seiten, mit 70 Abbildungen, DM 16,80 (Band 15)

Manfred Diehl: Abstammungslehre. Eine Einführung in die Methoden und Ergebnisse der Phylogenetik und ihre Behandlung im Unterricht. 176 Seiten, DM 19,80 (Band 17)

Ronacher / Hemminger: Einführung in die Nerven- und Sinnesphysiologie. 175 Seiten, DM 18,80 (Band 18)

Quelle & Meyer · Heidelberg